Projektmanagement mit Excel

Holger H. Stutzke

ISBN 978-3-8006-3806-2

© 2011 Verlag Franz Vahlen GmbH
Wilhelmstraße 9, 80801 München
Druck und Bindung: Druckhaus Nomos
In den Lissen 12, 76547 Sinzheim
Umschlaggestaltung: Ralph Zimmermann, Bureau Parapluie
Lektorat: Redaktionsbüro Ute Samenfink, 79249 Merzhausen
http://www.wortpower.de

Satz: Text+Design Jutta Cram
Spicherer Straße 26, 86157 Augsburg

Gedruckt auf säurefreiem, alterungsbeständigen Papier
(hergestellt aus chlorfrei gebleichtem Zellstoff)

Projektmanagement mit Excel

Dr. Holger H. Stutzke

Verlag Franz Vahlen München

So orientieren Sie sich im Buch

Folgende Elemente erleichtern Ihnen die Orientierung in diesem Buch:

 In den grauen Kästen mit dem CD-Icon finden Sie Verweise auf Muster, die Ihnen auf Ihrer CD-ROM zur Verfügung stehen.

 Die mit der Lupe gekennzeichneten Kästen enthalten Definitionen wichtiger Begriffe und Beispiele, die das Gesagte illustrieren.

 Das Merke-Icon ermöglicht es Ihnen, bei der Lektüre des Buches den Projektstand stets im Hinterkopf zu behalten.

 Damit Sie das Gelesene sinnvoll umsetzen und Anfängerfehler vermeiden können, erhalten Sie zahlreiche Praxis-Hinweise.

 Zudem finden Sie im Buch eine Vielzahl wertvoller Tipps, die Ihnen im Projetkalltag helfen können.

Inhalt

Vorwort

Ein Projekt zu managen ist keineswegs eine einfache oder triviale Aufgabe. Sie müssen sehr viele fachliche, organisatorische und vor allem auch administrative Aufgaben bedenken, planen und lösen: Von der Vorbereitung über die Kostenermittlung und Aufgabenverteilung bis hin zur Fortschrittsüberwachung und Dokumentation sind verschiedenste Übersichten, Auswertungen und Beschreibungen zu erstellen, mit den Beteiligten abzustimmen und letztlich umzusetzen. Und das Projektziel muss natürlich im gesetzten Zeitrahmen und zu den kalkulierten Kosten erreicht werden!

Dieses Buch liefert Ihnen dafür die geeigneten Werkzeuge. Um gerade die Planung, Administration und Betriebswirtschaft Ihrer Projekte transparent und übersichtlich zu gestalten, bietet sich Microsoft Excel an: Es ist sehr weit verbreitet und stellt umfangreiche Möglichkeiten bereit, um Tabellen, Diagramme und Auswertungen für das Projektmanagement zu erzeugen – von der einfachen Kostenplanung bis zum komplexen „Gantt-Diagramm". So können Sie auf spezialisierte Projektmanagement-Software vollständig verzichten! Zusätzlich bietet Ihnen dieses Werk einen kompletten Leitfaden, wie Sie Ihre Projekte erfolgreich leiten und umsetzen können. Viele wertvolle Tipps aus der Praxis helfen Ihnen, den richtigen Schritt zur richtigen Zeit zu gehen.

Sie erhalten mit diesem Buch eine komplette Grundausstattung der benötigten Tools: Auf der CD-ROM zum Buch finden Sie alle Excel-Musterdateien sowie Word-Vorlagen und können diese sofort im Unternehmen einsetzen. Die Musterdateien verzichten dabei vollständig auf „Programmierung" oder Makros, sodass Sie die Mustervorlagen recht einfach an Ihre Anforderungen anpassen können. So wird das Projektmanagement einfacher und kann auch Spaß machen!

Viel Freude beim Lesen und viel Erfolg bei der Durchführung von Projekten und beim Einsetzen der Musterdateien wünscht Ihnen

Dr. Holger H. Stutzke

1 Einleitung

Projekte unterschiedlichster Größenordnung begleiten Sie in Ihrem beruflichen und privaten Leben, und Sie haben mit Sicherheit bereits an verschiedenen Projekten mitgearbeitet. Dabei kann es um private, relativ einfache Vorhaben gehen wie beispielsweise den Einbau einer neuen Treppe im eigenen Haus, oder auch um berufliche Projekte und Aufgaben wie die Erstellung einer neuen Internetseite für das Online-Firmenangebot.

Vielleicht haben Sie auch schon bei umfangreichen, komplizierten Vorhaben mitgewirkt: Der Bau eines neuen Hauses ist im privaten Umfeld ein gutes Beispiel, ebenso die Konzeption, Erstellung und Einführung eines neuen Internet-Portals für das Unternehmen oder der Systemwechsel auf eine komplett neue EDV-Anwendung.

1.1 Excel-Mustervorlagen auf der CD-ROM zum Buch

Projekte zeichnen sich dadurch aus, dass sie immer auf ein konkretes Ziel ausgerichtet sind und einem festen Zeitplan unterliegen: Ziele, Kosten, fachliche Inhalte und Termine sind zu planen und abzustimmen, und immer sind Fachleute aus verschiedenen Bereichen eingebunden – häufig auch als externe Lösungspartner. Ein effektives Projektmanagement ist also Pflicht, damit die Vorhaben richtig, vollständig, zeit- und kostengerecht abgeschlossen werden können.

Effektives Management

Neben den rein fachlichen Dingen muss in Projekten noch viel mehr geplant und getan werden: Wenn Sie Ihre Projekterfahrungen rückwirkend betrachten, so waren sicherlich viele verschiedene Aufgaben gerade im administrativen Bereich zu erledigen, die unheimlich viel Zeit gekostet haben und die manchmal auch die Umsetzung des Vorhabens verzögerten.

Dies liegt daran, dass die *administrativen Projekttätigkeiten* nicht nur sehr viel Arbeit machen, sondern dass für die Durchführung dieser „Nebentätigkeiten" auch oft erst einmal geeignete Werkzeuge geschaffen werden müssen, um überhaupt mit dem eigentlichen Projekt beginnen zu können: Ein Kostenüberblick muss vorgelegt werden, Personalkapazitäten sind zu planen und ein Zeitplan ist zu ermitteln – um nur die groben „Vorarbeiten" zu nennen.

Die richtigen Werkzeuge

Die Erstellung der notwendigen Übersichten, Tabellen und Texte bedingt gerade zu Beginn neuer Vorhaben sehr viel Arbeits- und Zeitaufwand. Aber auch *danach* ist die begleitende Projektverwaltung Pflicht – schließlich müssen Sie jederzeit wissen, an welchem Punkt Sie gerade im Projekt stehen. Wenn das Vorhaben gestartet ist, müssen also auch für das laufende Projekt entsprechende „Werkzeuge" entwickelt und ständig gepflegt werden.

Insgesamt sind diese Aufgaben der Projektadministration als Teilaufgabe des Projektmanagements sowohl zeitlich als auch inhaltlich nicht zu unterschätzen!

Dabei können Sie sich die Verwaltungsaufgaben innerhalb von Projekten mit einem *Satz an Basiswerkzeugen* so weit erleichtern, dass Sie mehr Zeit für die operative Projektumsetzung haben. Sie müssen auch nicht für jedes neue Projekt alle Werkzeuge neu erfinden und einrichten.

Microsoft Excel ist hier das Mittel der Wahl, denn es bietet mehrere Vorteile:

- Es ist an fast jedem Arbeitsplatz verfügbar.
- Fast jede/r ProjektmitarbeiterIn hat schon mit Excel gearbeitet und verfügt zumindest über die notwendigen Grundkenntnisse.
- Excel ist im Office-Paket von Microsoft enthalten und muss nicht separat gekauft und installiert werden.
- Excel bietet einen großen Funktionsumfang und vielfältige Gestaltungsmöglichkeiten für Tabellen, Übersichten, Auswertungen und Diagramme.

Dieses Buch zeigt Ihnen anhand zahlreicher Praxistipps, wie Sie Microsoft Excel mit einer Basisausrüstung an Tabellen und Übersichten für ein erfolgreiches Projektmanagement einsetzen.

Auf der CD-ROM zum Buch stehen Ihnen hierfür einfach zu nutzende **Musterlösungen** mit einem Klick zur Verfügung; die Excel-Vorlagen ermöglichen Ihnen, den administrativen Teil Ihrer Projektvorhaben schnell und effektiv umzusetzen. In einigen Fällen – besonders im Bereich des Berichtswesens und der Dokumentation –, in denen der Einsatz von Textdokumenten sinnvoller ist, finden Sie auf der CD-ROM zum Buch Word-Musterdateien, die Sie ebenfalls schnell aufrufen, bearbeiten und an Ihre Bedürfnisse anpassen können. So erhalten Sie mit diesem Buch einen kompletten Satz an Werkzeugen und Musterdateien für das Projektmanagement.

1.2 Erfolgreiche Projektarbeit: Gehen Sie phasenweise vor

Dieses Buch richtet sich in erster Linie an ProjektmanagerInnen kleiner und mittlerer Unternehmen und weniger an diejenigen aus großen Unternehmen und Großkonzernen. Letztere Unternehmensgruppe verfügt in der Regel über eigene Projektabteilungen und auch über andere Möglichkeiten, externe Unterstützung oder Lösungspartner einzukaufen. Die in diesem Buch vorgestellten Lösungen sind auf kleine und mittlere Projekte ausgerichtet.

In diesem Buch wird die Herangehensweise an Projekte beschrieben – beginnend mit der ersten „Projektidee": Wenn in der Praxis ein neues Projekt gestartet wird, müssen Sie sich bereits zu diesem sehr frühen Zeitpunkt Gedanken darüber machen, welche Aufgabenstellungen sich ergeben und vor allem auch, welche administrativen Werkzeuge für die Planung und Umsetzungsbegleitung benötigt werden.

Der Aufbau des Buches orientiert sich am typischen Ablauf von Projekten, geht also phasenweise vor:

Projekte: in Phasen unterteilt

- *Sie lernen die einzelnen Phasen eines Projektes kennen:* Dabei wird jeder Arbeitsschritt einzeln erläutert und dabei dargestellt, welche Arbeitsaufgaben bzw. welcher Arbeitsumfang sich ergibt. Zusätzlich erhalten Sie praxisnahe Tipps, an welchen Stellen Sie besonders aufmerksam sein müssen bzw. was Sie unbedingt beachten sollten, um das Projektmanagement zu erleichtern und von Anfang an effektiver zu handhaben. Schon allein dieses „Zusammenspiel der Projektphasen" zu kennen, wird Ihnen helfen, ein Projekt zum Erfolg zu führen.

- *Die Vorbereitung, Planung, Umsetzung und Abrechnung* von Projekten wird in separaten Kapiteln erläutert. Hier erfahren Sie auch, wo mögliche Fallstricke liegen können. Sie lernen Konfliktsituationen kennen und erfahren, wie Sie mit diesen umgehen.

- Da in Projekten gerade der Projektadministration viel Aufmerksamkeit zukommt, unterstützt Sie dieses Buch bereits während der Phase der Projektverwaltung: *Zahlreiche Tabellen, Checklisten und Musterformulare aus der Praxis* helfen Ihnen, die notwendigen Datenerfassungen von der Arbeitszeit bis hin zu Ausgaben und Einnahmen schnell zu erledigen und immer aktuell zu halten. Die Dateien stehen Ihnen auf der CD-ROM zum Buch zur Verfügung und geben Ihnen so die notwendigen Hilfestellungen bei der Planung, Umsetzung und Überwachung. Selbstverständlich können Sie die einzelnen Mustervorlagen an Ihre speziellen Erfordernisse und Vorgaben anpassen.

Schwerpunkt: Projektadministration

Das *CD-Symbol* macht Sie auf die richtige *Mustervorlage im Buch* aufmerksam. Der große Vorteil für Sie: Unabhängig davon, mit welcher Excel-Version Sie arbeiten, erhalten Sie die für Sie notwendigen Vorlagen-Informationen:

> Excel-/Word-Mustervorlage auf Ihrer CD-ROM zum Buch:
>
> **Dateiname der Vorlage > Excel-Sheet**

Die Excel-/Word-Vorlage stehen Ihnen sowohl für ältere Office-Versionen in dem Ordner **Excel-Word 2003** als *.xls/*.doc sowie für Excel/Word ab Version 2007 als *.xlsx/*.docx im Ordner **Excel-Word 2007** auf Ihrer Buch-CD-ROM zur Verfügung. Aus diesem Grund wird im Buch lediglich der Name der Mustervorlage genannt.

Vorlagen für alle Excel-/Word-Versionen

Hinweise
für IT-Pro-
jekte

- In separaten Abschnitten erhalten Sie *Informationen zu Besonderheiten*, die Sie bei IT-Projekten beachten müssen – auch hierfür stehen Ihnen auf Ihrer CD-ROM Musterlösungen zur Verfügung, die im Buch ebenfalls wie oben dargestellt beschrieben sind.

Informa-
tion zu öf-
fentlichen
Projekten

- Projekte, die von der *öffentlichen Hand gefördert* werden: Damit Sie bei solchen Projekten keine Frist verstreichen lassen und alles korrekt abwickeln, werden Sie in separaten Abschnitten auf die Besonderheiten dieser Projekte hingewiesen. Hier spielen Formalien wie Zwischenberichte, Verwendungsnachweise und andere Dinge eine sehr wichtige Rolle. Die Herangehensweise an die entsprechenden Projekte muss entsprechend angepasst werden.

1.3 So arbeiten Sie mit diesem Buch und den Musterlösungen

Fallstricke
vermeiden

Durch den Einsatz der aufeinander abgestimmten Excel- und Word-Musterdateien können Sie gleichzeitig dazu beitragen, die Fallstricke in Ihren Projekten zu umgehen und diese zügig und erfolgreich zu bewältigen. Kleine Excel-Tricks helfen Ihnen dabei, die benötigten Funktionen so für das Projektmanagement zu nutzen, dass der Verzicht auf spezialisierte Projektmanagement-Software möglich ist. Sie erfahren in diesem Buch, welche Excel-Tricks es gibt und wie Sie diese richtig einsetzen.

Die jeweils benötigten und vorgestellten Werkzeuge sind folgendermaßen gegliedert:

- Werkzeugen für die Projektplanung,
- Werkzeugen für die Projektadministration,
- Werkzeugen für die begleitende Projektsteuerung und
- Werkzeugen für die Betriebswirtschaft des Projekts.

Zu jedem Projektabschnitt erhalten Sie detaillierte Informationen zu den folgenden Punkten:

- Hintergründe und Ziele
- Was ist zu tun?
- Excel-Muster
- Hinweise zur Bedienung des Excel-Musters und
- Projekt-Tipps mit ergänzenden Informationen.

1.4 Für alle Excel-Versionen: Die Vorlagen sind einheitlich aufgebaut und leicht zu bedienen

Die einzelnen Mustertabellen bzw. -Arbeitsblätter sind in einer Datei zusammengefasst. Die Aufteilung orientiert sich dabei an der oben beschriebenen thematischen Gliederung. Zur schnelleren Unterscheidung für Sie sind die Register der einzelnen Tabellenblätter farbig hinterlegt:

Mustertabellen in einer Datei

- Blau = Werkzeuge für die Projektplanung,
- rot = Werkzeuge für die Projektadministration,
- grün = Werkzeuge für die begleitende Projektsteuerung und
- orange = Werkzeuge für die Betriebswirtschaft des Projekts.

Damit können Sie auf einen Blick erkennen, auf welchen Abschnitt des Buches sich die einzelnen Tabellenblätter beziehen. Hinweise in den einzelnen Blättern zu Verknüpfungen und den zusätzlich einzusetzenden weiteren Tabellen und Mustervorlagen runden die Informationen ab und erleichtern Ihnen den Überblick.

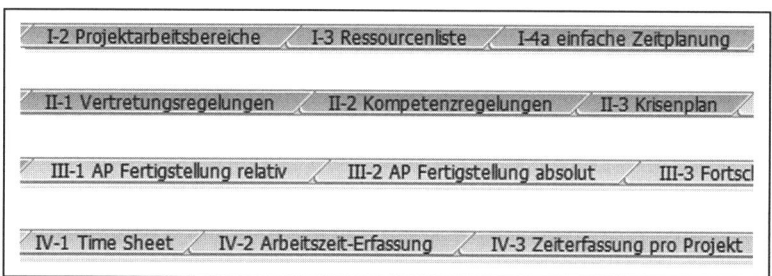

Abbildung 1: Die Register der Arbeitsblätter der Mustertabellen sind farbig markiert und verweisen so auf die entsprechenden Abschnitte im Buch.

Die Excel-Mustertabellen verzichten vollständig auf Makros oder sonstige „Programmierung".

Ist es aus Gründen der Übersichtlichkeit angebracht, so sind die Tabellenblätter untereinander verknüpft – das hat den großen Vorteil für Sie, dass Sie einzelne Werte nicht mehrfach eingeben müssen. Darüber hinaus ermöglicht Ihnen dies, die Tabellen mit der Eingabe von relativ wenigen Daten zu füllen und auf dem neuesten Stand zu halten.

Arbeitsblatt-Verknüpfungen

Ändert sich ein Wert in einer Tabelle, müssen Sie nicht daran denken, diesen in sämtlichen anderen Tabellen ebenso zu ändern.

Die einzelnen Farbmarkierungen der Tabellenzellen haben folgende Bedeutung:

- Grün markierte Felder: Dies sind Felder, in die Sie Daten eingeben.
- Blau markierte Felder: Hier handelt es sich um Felder, die aus anderen Unterblättern durch Verknüpfungen gefüllt werden.

Zusätzliche Kommentare in den Tabellenblättern erläutern das Vorgehen.

Mit diesen einheitlichen Gestaltungen der Excel-Tools haben Sie sofort beim Öffnen eines Tools den Überblick, in welcher Projektphase Sie sich befinden und welche Zellen für Ihre Dateneingabe vorgesehen sind.

Auf der CD-ROM stehen Ihnen die Excel-/Word-Tools sowohl im 2003-Format als auch im 2007-Format zur Verfügung – so können alle Leser die Excel- und Word-Tools nutzen; unabhängig davon, mit welcher Office-Version Sie auf Ihrem Rechner arbeiten.

1.5 So wickeln Sie Projekte erfolgreich ab

Natürlich stellen diese Lösungen nur ein Gerüst dar, an welchem Sie sich entlang hangeln und es weiter entwickeln können. In jedem Projekt gibt es unterschiedliche Anforderungen, und in jedem Unternehmen sind die administrativen Aufgaben etwas anders geregelt.

Tabellenzahl überschaubar

Wenn Sie einen Blick auf die CD-ROM werfen, sehen Sie, dass Ihnen eine überschaubare Zahl an Dokumenten und Tabellen angeboten wird. Dies verdeutlicht, dass der administrative Aufwand in Projekten ebenso überschaubar ist – aber natürlich keinesfalls unterschätzt werden darf.

Ebenso muss ausreichend Zeit im Projekt vorhanden sein, um die laufende Überwachung und das Berichtswesen ordentlich abzudecken.

Nutzen Sie die vorbereiteten Werkzeuge wie Mustervorlagen und Musterdokumente, und Sie werden feststellen, dass vieles einfacher wird und leichter zu überblicken ist!

Projektstand im Blick

Im Verlaufe des Buches bieten Ihnen kleine Randnotizen immer wieder eine kurze Zusammenfassung der Inhalte des jeweiligen Abschnitts sowie den bis dahin im Projektverlauf erzielten Fortschritt und die erledigten Aufgaben. So behalten Sie den schnellen Überblick, worauf sich das entsprechende Kapitel bezieht und wie weit Sie im Projekt fortgeschritten sind.

Kurze **Randnotizen** weisen im Buch auf die bis dahin im Projekt abgewickelten Aufgaben hin – so behalten Sie Ihren aktuellen Projektstand immer im Auge und wissen, in welcher Phase des Projektes Sie sich befinden. Einen allgemeinen Überblick über den Aufbau der einzelnen Projektphasen bekommen Sie in Kapitel 2.3.

2 Grundlagen des Projektmanagements

In diesem Abschnitt:
- Grundlagen des Projektmanagements
- Vor- und Nachteile der Projektarbeit
- Wie Projekte entstehen
- Projektvorbereitung
- Excel als Projektwerkzeug

Der Begriff „Projekte" wird schnell und häufig verwendet, um beliebige Vorhaben zu bezeichnen; jeder hat schon in seinem beruflichen und/oder privaten Leben an „Projekten" teilgenommen. Doch was zeichnet ein Projekt überhaupt aus?

Projekt: Definition

Im Wesentlichen sind dies die folgenden Merkmale:

- Es gibt klar definierte Ziele.
- Der Ablauf ist durch einen zeitlichen und finanziellen Rahmen bestimmt, und auch die personellen Kapazitäten sowie die sonstigen benötigten Ressourcen sind definiert.
- Ein Projekt grenzt sich immer von anderen Vorhaben ab.
- Es existiert eine projektspezifische Organisation oder diese wird für das Vorhaben aufgebaut.
- Das Vorhaben weist eine gewisse Komplexität auf, die ohne die Projektarbeit nicht zu bewältigen wäre.
- Einmaligkeit: Ein Projekt mit einem speziellen Schwerpunkt findet (normalerweise) immer nur einmal statt, denn danach sollten seine Ziele erreicht sein.

Damit wird deutlich, dass ein Projekt niemals eine dauerhafte oder ständig laufende Routineaufgabe sein kann. Vielmehr wird unter anderem eine Zieldefinition, ein Zeitplan und vieles mehr benötigt – bis hin zur speziell eingerichteten Projektarbeitsgruppe und den Steuerungsorganen. Hierzu lesen Sie weitere Details in Kapitel 3.

Projekte sind nie Routine

2.1 Vor- und Nachteile der Projektarbeit

Projekte sind eine temporäre Organisationsform, in der die Mitarbeiter und Mitarbeiterinnen fachbereichsübergreifend an einer gemeinsamen Aufgabenstellung arbeiten. Diese ist dabei normalerweise sowohl inhaltlich als auch zeitlich definiert, und in der Regel spielen auch die Kosten eine entscheidende Rolle. Gegenüber der Arbeit im „normalen Tagesgeschäft" bietet die Umsetzung von Vorhaben in Form von „Projekten" entscheidende Vorteile, hat aber auch Nachteile, wie Sie im Folgenden sehen:

Gemeinsam Lösungen schaffen

Vorteile von Projektarbeit:

- Die Arbeit findet im Team statt und ist durch klare Strukturen und Verantwortlichkeiten geprägt.
- Im Projektteam können entsprechend der Aufgabenstellung genau diejenigen Fachleute zusammengestellt werden, die am besten geeignet sind.
- Die TeilnehmerInnen bringen unterschiedliche Erfahrungen und Kompetenzen mit und können so unterschiedliche Blickwinkel und Lösungsideen beisteuern.
- Aufgabenstellung und mögliche Probleme können im Team besprochen werden. So werden auch gemeinsam neue Lösungen geschaffen.
- Projekte sind im positiven Sinne eine Abwechslung vom Tagesgeschäft.
- Bei unternehmenskritischen Vorhaben und bei zunächst nicht unternehmensöffentlichen Vorhaben ist durch eine geschlossene Projektgruppe eine leichtere Geheimhaltung möglich.

Belastende Faktoren

Nachteile von Projektarbeit bzw. „belastende Faktoren" sind:

- der zumeist zusätzliche Aufwand an Planung und Organisation,
- die ständig notwendige Projektadministration und -überwachung,
- hoher Zeit- und Kostendruck,
- Unsicherheiten hinsichtlich Aufwand und Kosten, aber auch bezüglich der möglichen Wege zur Erreichung der gesetzten Ziele,
- ggf. Doppelbelastung oder Überlastung von MitarbeiterInnen, sofern für die Projektarbeit nicht andere Aufgaben zurück gestellt werden können.

Zusatzanforderungen bei IT-Projekten

Bei IT-Projekten ergeben sich in der Regel sogar zusätzliche Anforderungen an die Projektbeteiligten, da in den entsprechenden Projekten sowohl das IT-fachliche Wissen benötigt wird als auch umfassende Kenntnisse der betrieblichen Abläufe. Schließlich beziehen sich die in solchen Vorhaben erwarteten Lösungen fast immer auf die *Veränderung vorhandener Strukturen und Verfahren.*

> **Projektmanagement:**
>
> Projektmanagement beschreibt die Zusammenfassung aller Führungsaufgaben, Organisationstechniken und -mittel für die Initiierung, Definition, Planung, Steuerung und den Abschluss von Projekten.
>
> Als Projektmanager bewegen Sie sich damit zwischen den Polen „Inhalt und Umfang des Projekts", „Kosten", „Zeitaufwand", „Verfügbarkeit der Ressourcen".

2.2 Wie Projekte entstehen: Die Auslöser

Um die Größenordnung, den Aufwand sowie den Zeitrahmen und die Kosten einschätzen zu können, müssen Sie als Basis Ihrer Arbeit erst einmal wissen, wie sich das Projekt ergeben hat und was sein Auslöser war. Ohne diese Informationen fehlen Ihnen drei wichtige Grundlagen für Ihre Arbeit: *warum*, *für wen* und *bis wann* die Arbeit erledigt werden soll.

In- und externe Auslöser

Wichtig ist daher zunächst die Unterscheidung, „warum" sich das Vorhaben ergeben hat, durch

- **interne Anforderungen**, also Veränderungsprozesse, die direkt im Unternehmen angestoßen werden oder
- **externe Anforderungen**. Diese liegen beispielsweise in gesetzlichen Anforderungen oder auch Prozessen, die aus Fusion oder Aufspaltung von Unternehmen resultieren.

Aus dieser „Kategorisierung" können Sie zum Teil bereits die Größenordnung ableiten und feststellen, ob beispielsweise Behörden oder andere externe Gremien einzubeziehen sind.

2.2.1 Planungsprozesse

Da Projekte natürlich nicht unabhängig von den Unternehmensstrategien und der wirtschaftlichen Lage und Entwicklung sind, werden oft Planungsprozesse genutzt, um die Notwendigkeit von Vorhaben zu diskutieren und die groben Zielsetzungen und Inhalte zu beschreiben.

Erkannt wird die Notwendigkeit, ein neues Projekt zu starten, wenn überlegt wird, „wie es weiter gehen soll", welche Veränderungsnotwendigkeiten bereits bekannt sind oder wie auf bestimmte Markt- und Kundensituationen reagiert werden soll.

Die Fragestellungen, die im Rahmen der Planungsprozesse auftauchen, sind vielfältig – die Ideen für neue Projekte entstehen wie folgt:

Enstehung von Projektideen

- Durch die gezielte Ermittlung von Themen für neue Vorhaben im Rahmen der (strategischen) Jahresplanung. Hierzu zählt auch die regelmäßige Aufstellung und Überarbeitung der Konzernstrategie.
- Durch die regelmäßig gelieferten Ergebnisse der Unternehmensentwicklungsabteilung, wenn beispielsweise Optimierungen durchgeführt werden sollen, Prozessänderungen anstehen oder auch organisatorische Veränderungen notwendig sind, um sich den Marktgegebenheiten anzupassen.
- Themenstellungen ergeben sich auch aus den Fachabteilungen heraus. Diese beschreiben im Rahmen ihrer Fachgebietsplanungen Anforderungen, die zum Teil EDV-technisch gelöst werden können (oder müssen).
- Vor allem IT-Projekte ergeben sich oft direkt aus der Datenverarbeitung heraus, wenn die vorhandenen Systeme weiterentwickelt wer-

den sollen bzw. müssen oder der Austausch bzw. Versionswechsel von Hard- und Software ansteht.

Wie diese Übersicht zeigt, können die Auslöser für neue Projekte in verschiedene Kategorien eingeteilt werden: betriebswirtschaftliche, technische, organisatorische und gesetzliche Auslöser. Was diese im Einzelnen umfassen erfahren Sie in den folgenden Abschnitten.

2.2.2 Betriebswirtschaftliche Auslöser

Die Durchführung von Projekten ist kein Selbstzweck, sondern im Unternehmen darauf ausgerichtet, betriebliche Anforderungen zu erfüllen. Diese können natürlich mit weiteren „auslösenden Faktoren" verbunden sein, wenn beispielsweise gesetzliche Änderungen die Anpassung von Systemen und Organisation erfordern.

Oft geht es aber darum, durch den Einsatz von Informationstechnologie (IT) gezielt betriebswirtschaftliche Fragestellungen und Aufgaben zu lösen. Folgende Übersicht gibt einen allgemeinen Überblick:

Reaktion auf Marktsituation

- *Veränderte Marktsituation bzw. Konkurrenz*, wenn neue Anbieter auf den Markt kommen oder neue und verbesserte Produkte angeboten werden.

- *Erschließung neuer Märkte* durch Nutzung neuer Vertriebsformen (z. B. Internetshops).

- *Veränderte Kundenbeziehungen* oder Einsatz neuer Wege zur Kommunikation mit den Kunden (z. B. über E-Mail-Newsletter). Auch Datenbanken mit Kundendaten können von Umstellungen betroffen sein, wenn beispielsweise neue Auswertungen nötig sind oder auch die Datenbasis vergrößert werden soll.

- *Service-Verbesserungen* (z. B. Bereitstellung von Bedienungsanleitungen, Handbüchern und Treibersoftware über das Internet). Ebenso können Werbefilmchen oder auch Schulungsvideos über das Internet bereitgestellt werden.

- *Kosten-/Erlössituation bzw. Preise:* Diese Faktoren sind in vielen Fällen die Hauptauslöser für Projekte – besonders für IT-Projekte. Verändert sich die Kosten- bzw. Erlössituation, wird zunächst nach „Automatisierungsmöglichkeiten" gesucht, die durch IT-gestützte Lösungen umgesetzt werden sollen.

Rationalisierung oft im Vordergrund

- Damit zusammen hängen auch *Effizienz- bzw. Produktivitätsverbesserungen und Rationalisierungsbemühungen*: IT-Lösungen sind meistens die ersten Ansätze, um die Effizienz zu erhöhen, die Produktivität zu verbessern und auch Rationalisierungen durchzusetzen. PCs und Telefone an jedem Büroarbeitsplatz sind dafür das beste Beispiel: Wo früher Sekretärinnen Briefe aufnahmen und per Schreibmaschine schrieben, erledigen Sie dies heute selbst. Durch Telefon, Fax und Internet am Arbeitsplatz haben Sie die Möglichkeit, schnell auf umfangreiche Informationen zuzugreifen bzw. diese selbst weiter zu geben. Durch die Verlagerung von Tätigkeiten auf „elektronische Hilfsmittel" sind mittlerweile umfangreiche gesamtwirtschaftliche und betriebliche Effekte eingetreten. Und Effizienzverbesserungen und Rationalisierung sind auch weiterhin die Treiber für IT-Projekte.

- *Neue bzw. veränderte Produkte und Dienstleistungen:* Die elektronischen Ausstattungen und die elektronisch verfügbaren Medien wie das Internet haben zu neuen Produkten und Dienstleistungen geführt. Ein aktuelles Beispiel für veränderte Produkte sind elektronisch über das Internet verfügbare Software-Updates: Heutzutage werden kaum noch CDs oder DVDs mit Software per Post versandt, vielmehr ist es üblich, die Dateien per Download bereitzustellen. Dies wird ebenso für kostenlose Sicherheits-Updates angeboten wie für „Kauf-Software". Ein anderes Beispiel ist die elektronische Verfügbarkeit von Musik, die nur noch als abspielbare und speicherbare Datei angeboten wird. Eine neue Dienstleistung in Form des „virtuellen Plattenladens" ist entstanden und bietet dem jeweiligen Anbieter völlig neue Möglichkeiten. Auch die zusätzliche Bereitstellung umfangreicher Steuerungsmöglichkeiten für die ISDN-Telefonanlage innerhalb des DSL-Routers gehört in diese Kategorie.

> Neue Dienstleistungen durch IT-lösungen

- Die *Produktqualität* wird durch neue (IT-)Lösungen beeinflusst: Überall sind heute Hard- und Software enthalten, über die verschiedenste Funktionen zur Verfügung gestellt werden. IT-Technik bietet dabei die Möglichkeit, die Produktqualität nicht nur grundsätzlich zu verändern – z. B. durch Fehlerbehebungen in der Software oder die Ergänzung um neue Features per Download –, sondern nachträglich zu verbessern, wie z. B. durch das Einspielen von Updates im Automobil, wenn die Motorsteuerung geändert oder die Bedienung der Radioanlage durch zusätzliche Funktionen verbessert werden soll.

- Veränderungen in den *Lieferketten*. Gerade im logistischen Bereich geht ohne IT gar nichts mehr. Von der einfachen Tourenplanung bis hin zu komplexen Lagerhaltungs- und Just-in-Time-Lieferprozessen muss heutzutage alles per Computer überwacht und gesteuert werden. Veränderungen des Marktumfeldes, der Kundenstruktur und der weiteren Faktoren wirken sich dabei bis auf die Lieferketten aus und müssen regelmäßig in den elektronischen Systemen abgebildet werden.

- *Strategische Anforderungen* kommen zum Tragen, wenn beispielsweise mittel- und langfristige Veränderungen geplant werden, um sich den zukünftigen Anforderungen anzupassen. IT- und betriebswirtschaftliche Projekte sind dann häufig die Mittel, mit denen Unternehmensprozesse umgestaltet und rationalisiert werden. Bei solchen Projekten ist es besonders wichtig, die langfristige Perspektive zu kennen, um entsprechende Vorbereitungen in Hard- und Software zu treffen oder

> Umsetzen strategischer Anforderungen

um heute ein IT-Produkt auszuwählen, das auch in mehreren Jahren noch genutzt werden kann.

Personal-
verände-
rungen
auffangen

- *Personelle Veränderungen* können insoweit Treiber für Projekte sein, als neue oder ausscheidende MitarbeiterInnen sowohl in den vorhandenen elektronischen Systemen abgebildet werden müssen als auch Auswirkungen auf die Leistungen und Angebote des Unternehmens haben. Wenn also die Personalverwaltungssoftware nicht mehr sinnvoll genutzt werden kann, weil zu viele MitarbeiterInnen damit verwaltet werden müssen, oder wenn Kapazitäten im Unternehmen fehlen, weil Personal eingespart wurde, werden Lösungen mit Hilfe der IT geschaffen, beispielsweise durch Automatisierung von Prozessen.

- Werden *Unternehmen zusammengeschlossen* oder auch getrennt, muss die Verwaltung ebenso wie die IT-Landschaft betriebswirtschaftlich und organisatorisch vereinheitlicht oder aufgespalten werden, um den zukünftigen Betrieb bzw. das Weiterbestehen am Markt zu gewährleisten. Software, Hardware sowie betriebliche Prozesse sind anzupassen – die IT spielt auch hierbei eine wichtige Rolle.

- Gleiches gilt für die *Übernahme oder Abspaltung von Unternehmensteilen*.

- Selbstverständlich ist auch eine verstärkte *Auslandsorientierung* ein Auslöser für Projekte: Neue Märkte müssen betriebswirtschaftlich untersucht werden, Produkte sind umzugestalten und das Marketing zu organisieren. Ausländische Partner setzen außerdem zumeist andere Software ein, und erste Probleme entstehen bereits an der „eingebauten" Sprachbarriere. Über entsprechende Projekte sind diese abzubauen.

2.2.3 Technische Auslöser

Hierzu gab es gerade in den letzten Jahren einige Projekteauslöser, die riesige Projekte nach sich zogen:

Jahrtau-
sendwech-
sel und
Euro-Um-
stellung

- Der *Jahrtausendwechsel* war einer der wenigen IT-Auslöser, der die gesamte Welt betroffen hat. Sämtliche Soft- und Hardware musste analysiert und im Hinblick auf die Nutzung von vierstelligen Jahreszahlen angepasst werden.

- Der *neue Personalausweis* mit eingebautem, kontaktlos lesbarem Speicherchip. Durch ihn können neue Geschäftsprozesse im Internet aufgebaut und so zum Beispiel die Kommunikation mit Behörden vereinfacht werden.

- Auch die *Euro-Einführung* war ein Projekt, das sowohl betriebswirtschaftliche als auch organisatorische Änderungen nach sich zog. Schließlich musste nicht nur die „Zwei-Währungsfähigkeit" der betroffenen Software hergestellt werden, auch Abläufe änderten sich durch die temporäre Parallelbehandlung von zwei Währungen und die ggf. notwendige Neukalkulation von Preisen.

- *Hardware-Änderungen* können ebenfalls umfangreiche Software-Anpassungen nach sich ziehen. Neue Betriebssysteme auf dem PC erfordern beispielsweise neue Hardware, da die alten Modelle nicht mehr mit passenden Treibern versorgt werden, und neue Treiber müssen zum Teil erst erstellt werden.

  Hardware-Änderungen entstehen aber auch durch ganz „greifbare" Veränderungen: In der Vergangenheit war dies der Fall, als beispielsweise durch die neuen Euro-Scheine in den Geldautomaten und Zähleinrichtungen umfangreiche Einstellungen vorgenommen und Teile ausgetauscht werden mussten. Diese Veränderungen mussten als IT-Umstellungsprojekte geplant und durchgeführt werden, sonst hätte es hinterher große Probleme auch mit den Kunden gegeben. Dies ist ein gutes Beispiel für Dinge, die im Rahmen von IT-Projekten im Umfeld mit berücksichtigt werden müssen!

  Die immer stärkere Nutzung von Chipkarten im Bankbereich ist ebenso ein Auslöser für umfangreiche Veränderungen in Hard- und Software, aber auch im Bereich von Normen und Standards für den internationalen Datenverkehr. Solche „übergeordneten" Prozesse dürfen Sie nicht vergessen!

- *Versionswechsel bei eingesetzten Betriebssystemen und Anwendungssoftware* sind Dinge, die jeder PC-Nutzer kennt, und die zumeist durch Knopfdruck erledigt werden. Steht jedoch ein 24-Stunden-Betrieb im Hintergrund, sind recht aufwändige Planungen notwendig, um auf neue Software-Versionen umzustellen, ohne einerseits den Betrieb und andererseits die Datenbestände zu gefährden.

  Software-Versionenwechsel

- *Veränderungen in der Hard- und Software-Administration:* Werden Veränderungen eingeführt – wie beispielsweise eine zentrale Software-Verteilung –, ist dies ein IT-Projekt, das weitere IT-technische Veränderungen an den einzelnen Arbeitsplätzen nach sich ziehen kann. Sorgfältige Planung ist nötig, um den Tagesbetrieb nicht zu gefährden.

2.2.4 Organisatorische Auslöser

Diese Art von Auslösern entwickelt sich direkt aus der Unternehmensstruktur heraus:

- Veränderungen der *Aufbau- und Ablauforganisation*: Veränderungen von Zuständigkeiten, die Neuschaffung von Sachgebieten, personelle Veränderungen oder die bereits beschriebenen Veränderungen durch Rationalisierungen zählen oft als Verursacher für Projekte, da die vorhandenen betrieblichen Abläufe an die neuen Strukturen angepasst werden müssen.

  Reaktion auf veränderte Abläufe

- Die *Umstellung bisher manueller Verfahren auf technische Abläufe*: Hierzu zählen beispielsweise die Umstellung auf den elektronischen Rechnungsversand, die Nutzung elektronischer Briefe und anderes sein. In solchen Fällen geht es gezielt darum, bisherige von Personal durchgeführte Abläufe auf die elektronische Abwicklung umzustellen.

2.2.5 Gesetzliche Auslöser

Auslöser
umfang-
reicher
Projekte

Gesetzliche Änderungen sind automatisch auch Auslöser von Projekten, die Änderungen bei Hard- und Software oder auch Ablaufänderungen im Unternehmen bedingen:

- Die *Umsetzung politischer Vorgaben und Strategien bzw. der Gesetze* ist ein durchaus bedeutender Treiber für Projekte. Beispiele hierfür sind Meldevorschriften im Bankbereich, die Führung und Übermittlung von Statistiken in der Landwirtschaft und anderes. Für alle solche Vorgaben ist es notwendig, die EDV-technischen Systeme zu schaffen und vor allem miteinander kompatibel zu machen, um die aus verschiedenen Quellen stammenden Daten einheitlich verarbeiten zu können. Organisatorische Regelungen sind zu schaffen und umzusetzen.

- *Steuerliche Anforderungen*, und wenn es „nur" jährlich geänderte Steuerformeln sind, bewirken immer Anpassungen an der Software. Auch große Umstellungen in den Bilanzierungsregeln (z. B. IFRS) bewirken IT-Projekte, die meist zusätzlich durch zentrale Terminvorgaben reglementiert sind.

- *EU-weite Anforderungen* wie z. B. die Umsetzung der EU-Dienstleistungsrichtlinie („Einheitlicher Ansprechpartner", s. Abb. 2) erfordern auch völlig neue Lösungen, die zum Teil erst zentral erarbeitet werden müssen. Nationale und regionale Anpassungen können zusätzlich notwendig sein, sodass europaweite Verfahren sich bis in die letzte Kommune hinein IT-technisch, betriebswirtschaftlich und organisatorisch auswirken.

- Die *Umsetzung der EU-Förderpolitik* ist ein Projekttreiber, da die Fördermittel nur für exakt definierte Projekte vergeben werden. Dies betrifft den Bildungsbereich – beispielsweise die öffentlich geförderte Qualifizierung von MitarbeiterInnen in Unternehmen –, ebenso wie die Nutzung neuer Förderverfahren wie z. B. LEADER.

- Auch *politisch bedingte organisatorische Änderungen* wie die Einrichtung der Optionskommunen bewirken das „Nachziehen" der entsprechenden Software zusammen mit der Einführung der zugehörigen organisatorischen Regelungen auf der lokalen Ebene.

Fazit: Wie Sie sehen, gibt es sehr viele verschiedene Auslöser für Projekte. Dabei wird deutlich, dass Sie bei den Vorhaben nicht davon ausgehen können, dass es sich um „reine" IT-Projekte handelt. In der Regel sind weitere Bereiche wie Organisation, Betriebswirtschaft und speziell Liefer- bzw. Abwicklungsketten betroffen.

Abbildung 2: Die Einführung einer Internet-Plattform für den „Einheitlichen Ansprech-partner" ist ein Beispiel für die zentrale IT-Umsetzung gesetzlicher Anforderungen.

Für die Projektleitung bedeutet dies, dass sie sich mit verschiedensten Themenstellungen befassen muss, und die geeigneten Fachleute benötigt – bzw. durchaus auch externe Unterstützung einbeziehen muss –, um das jeweilige Vorhaben mit all seinen Facetten angemessen zu durchleuchten und umsetzen zu können.

2.3 Allgemeiner Projektablauf

Projekte laufen fast immer in den **gleichen Phasen** ab: Eine Projektidee entsteht durch einen speziellen Auslöser, das Ganze wird beantragt, geplant und inhaltlich, zeitlich sowie kostenmäßig beschrieben. Danach findet die Umsetzung inklusive der begleitenden Projektsteuerung, Projektadministration und -abrechnung statt. Nach „Ende" des Projekts, also nach der Übergabe in den laufenden Betrieb, muss die tägliche Arbeit gesteuert und überwacht werden.

Ablauf oft gleich

Praxis-Hinweis

Der Phasenaufbau ermöglicht es, einen Satz an Werkzeugen auf Excel-Basis bereitzustellen, der in verschiedensten Projekten genutzt werden kann.

Der „allgemeine Ablauf" von Projekten in der Praxis kann anhand eines einfachen Schemas abgebildet und erläutert werden (s. Abb. 3).

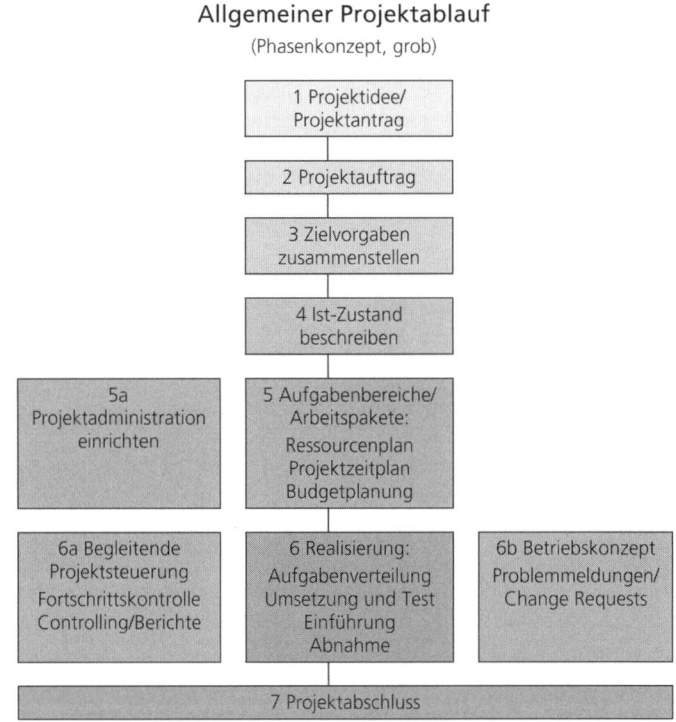

Abbildung 3: Der Phasenablauf von Projekten (schematisch)

Phasenkonzepte

Bei vielen Projekten, besonders auch im IT-Bereich, wird vom so genannten Phasenkonzept ausgegangen. Das Projekt durchläuft mehrere definierte Schritte, bis es zum Abschluss kommt: Von der Projektidee über die Erfassung des Ist-Zustandes, die Konzeption der Lösung, die Realisierungsphase und schließlich die Einführung.

Wichtig: Projektwartung

Die anschließende „Wartungszeit" – also die laufende Betreuung des Tagesbetriebes – wird in der Praxis oft vergessen oder nicht berücksichtigt. Dies liegt vielleicht daran, dass Projekte für die Beteiligten vielfach bedeuten, dass Sie eine Aufgabe erledigen müssen, von der sie sagen „So etwas habe ich vorher noch nie gemacht" – dies hängt mit der Einmaligkeit der Vorhaben zusammen.

In den meisten Fällen mag diese Aussage verständlich sein, da im Projekt zunächst sehr viele technische und sonstige Größen unbekannt sind und auch die betriebswirtschaftlichen und organisatorischen Zusammenhänge erst untersucht und eingeordnet werden müssen. Vielfach wird auch die Aufmerksamkeit der Beteiligten mehr auf die *unbekannten* als auf die bekannten Größen gelegt.

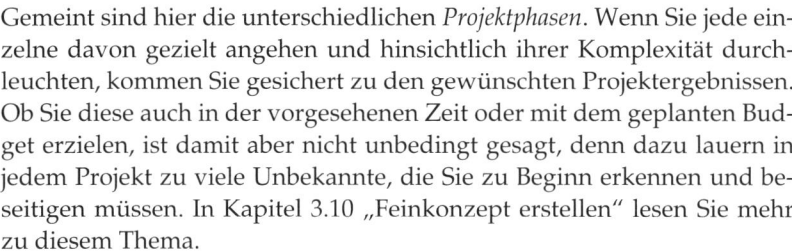

Praxis-Hinweis

In der betrieblichen Praxis können Sie aber Folgendes feststellen:

Obwohl technische Aspekte und weitere Dinge zu Beginn eines Projekts unbekannt sind, ist der Ablauf bzw. die Methode der Durchführung eines Projekts immer gleich – er orientiert sich in der Regel am gezeigten Ablaufplan (s. Abb. 3), der diejenigen Schritte vorgibt, die Sie auf jeden Fall gehen müssen.

Gemeint sind hier die unterschiedlichen *Projektphasen*. Wenn Sie jede einzelne davon gezielt angehen und hinsichtlich ihrer Komplexität durchleuchten, kommen Sie gesichert zu den gewünschten Projektergebnissen. Ob Sie diese auch in der vorgesehenen Zeit oder mit dem geplanten Budget erzielen, ist damit aber nicht unbedingt gesagt, denn dazu lauern in jedem Projekt zu viele Unbekannte, die Sie zu Beginn erkennen und beseitigen müssen. In Kapitel 3.10 „Feinkonzept erstellen" lesen Sie mehr zu diesem Thema.

Vielleicht kennen Sie das: An das ein oder andere Projekt geht man von Anfang an mit einem gewissen Unbehagen heran. Dieses Gefühl sollten Sie als Projektmitarbeiter/In oder Projektleiter/In nicht ignorieren (nach dem Motto *„Das kommt dann schon"*), denn Ihr Bauch weiß ab und zu etwas mehr als Ihr Verstand: Aufgaben, die zu Beginn überschaubar erscheinen, erweisen sich schnell als Fass ohne Boden, in das Aufwand ohne Ende gesteckt werden muss. Und ein solcher unkalkulierbarer Zusatzaufwand kann den ganzen Projektplan durcheinander werfen! Schauen Sie sich also zunächst das Projekt und seine Größenordnung genau an.

Aufgabenumfang prüfen

2.4 Die Größenordnung des Projekts ist entscheidend

Zunächst einmal ist die Größenordnung des Vorhabens entscheidend: Bei Projekten ist es notwendig, bereits in der ersten Betrachtung zu erkennen bzw. festzulegen, in welcher Dimension das Vorhaben sich bewegt, denn davon hängen die weiteren Schritte für die Umsetzungsplanung und Realisierung ab.

Eine einfache Abgrenzungs- bzw. Unterscheidungsmöglichkeit ergibt sich bei Betrachtung der *geographischen Dimension*. Ordnen Sie die Größenordnung nach den folgenden Klassifizierungen ein:

Projektumfang einschätzen

- Innerbetriebliches Projekt direkt am Unternehmensort
- Innerbetriebliches Projekt, welches alle Filialen am Ort umfasst

- Innerbetriebliches Projekt, das mehrere Orte umfasst
- Nationales Projekt
- Transnationales Projekt
- Internationales Projekt

Je nachdem, welche Größenordnung das Vorhaben annimmt, sind in der Vorbereitungsphase mehr oder weniger umfangreiche Abstimmungen notwendig, was natürlich auch im Vorfeld bis hin zu Reisen, Konferenzen, Abstimmungen mit Mittelgebern und weiteren Aktivitäten gehen kann.

Bei öffentlichen Vorhaben ist aus diesen Gründen manchmal auch bereits die Vorbereitungsphase förderfähig.

Im Bereich der freien Wirtschaft bedeutet ein höherer Startaufwand aber eher, dass auch höhere Kosten sowie ein höherer Zeitaufwand berücksichtig werden müssen.

2.5 Projektvorbereitung: Projektantrag und Projektauftrag

Basis: Projekt- auftrag

Jedes Projekt braucht eine offizielle Basis, und im Regelfall wird ein *Projektantrag* gestellt, um auch einen ebenso offiziellen *Projektauftrag* zu erhalten.

Natürlich wollen die Entscheidungsträger an dieser Stelle den *Projektinhalt* und *-umfang* kennen. Für Sie bedeutet dies, dass Sie sich in dieser Phase bereits sehr genaue Gedanken darüber machen müssen, wie das Projekt ablaufen soll, wie die Projektarbeitsstruktur aussehen soll (also wen Sie dazu benötigen) und in welcher Höhe Ausgaben (und ggf. auch Einnahmen) entstehen werden.

Bei Projekten kommt neben den reinen (EDV-)technischen Aspekten immer auch eine betriebswirtschaftliche Betrachtung hinzu:

- Wie wirkt sich das Projekt aus?
- Welche betrieblichen Zielsetzungen werden damit erreicht?

Darstellung des Projekts

Diese und weitere Fragen müssen aufbereitet und geklärt werden. Üblich ist, dafür einen formellen Projektantrag zu schreiben, in dem folgende Punkte dargestellt werden:

- Ein verständlicher und nachvollziehbarer *Projektname*.
- Die *Begründung für das Vorhaben*. Warum dieses überhaupt durchgeführt werden soll oder muss (siehe auch Kapitel 2.2 „Wie Projekte entstehen: Die Auslöser").
- *Ist-Situation* in Form einer kurzen (!) Darstellung.
- *Zielsetzungen des Vorhabens* inklusive zu erreichender *Soll-Situation* (ggf. Zielgruppe). Unterteilen Sie die Ziele – wenn notwendig – nach *technischen*, *organisatorischen* und *betriebswirtschaftlichen Zielen*. Dies

ermöglicht Ihnen, die erwarteten Auswirkungen besser darzustellen. Nutzen Sie eine so genannte SWOT-Analyse. Mit dieser können Sie Stärken und Schwächen sowie Chancen und Risiken übersichtlich darstellen. Details zur SWOT-Analyse lesen Sie im Anhang unter Kapitel 8.2 „Erläuterungen zu Fachbegriffen".

- Beschreibung der *Herangehensweise*, d. h. der Problemstellungen und Lösungswege für das Vorhaben. Weisen Sie auf spezielle Veränderungen, die sich ergeben, gesondert hin, ebenso auf die sich Verbesserungen und Vorteile, die durch das Projekt entstehen.

- *Zeitbedarf/Termine/Laufzeit:* Die Entscheidungsträger müssen schnell überblicken können, wie lange das Vorhaben voraussichtlich laufen wird.

- *Personal- und Kostenrahmen* (ggf. einzubindende Partner): Hier kommt es darauf an, den Personalbedarf sowie die Projektkosten so genau wie möglich darzustellen. Diese Angaben stellen einen Schwerpunkt für die Entscheidung über das Projekt dar.

- *Finanzierungsplan:* Dieser muss darstellen, in welcher Höhe finanzielle Mittel benötigt werden und wie sich der Finanzierungsbedarf über die Zeit verteilt.

- *Entscheidungsvorschlag* inklusive einer Möglichkeit für den/die EntscheiderInnen, ihre Zustimmung bzw. Ablehnung zu signalisieren und/oder einen Kommentar anzugeben.

Insgesamt legen Sie mit dem ausformulierten Projektantrag nicht nur fest, was inhaltlich gemacht werden soll, sondern Sie beschreiben ebenso den zeitlichen und finanziellen Rahmen. Dies bedeutet, dass Sie damit sowohl die Grundlage für die weitere Planung in der Hand haben als auch einen definierten Zeitrahmen, in dem alles umgesetzt werden und anschließend funktionieren muss.

> Projektrahmen beschreiben

Der *Auftrag für ein Projekt* ergeht in diesem Sinne durch einen entsprechenden Beschluss der Entscheidungsgremien. Dies kann z. B. im Unternehmen ein Vorstandsbeschluss sein, der durch eine entsprechende Vorlage vorbereitet und per Unterschrift genehmigt wird.

Aktueller Projektstand:
Projektphase 1: Schreiben und Einreichen des Projektantrags ist abgeschlossen.
Projektphase 2: Der Projektauftrag wurde erteilt. Sie können mit dem Beginn des Projekts beginnen.

2.6 Sonderfall: Projektanträge für öffentlich geförderte Vorhaben

Im öffentlichen Bereich unterscheidet sich die Beantragung von Projekten sehr stark von der „freien Wirtschaft". Viele öffentliche Projektanträge oder solche, in denen öffentliche Mittel durch Unternehmen oder Privatpersonen beantragt werden, beginnen damit, dass für die Antragstellung bzw. die Einreichung aller erforderlichen Unterlagen genaue Fristen oder exakte Termine gesetzt sind. Dies geht so weit, dass die Unterlagen bis zu einer bestimmten Uhrzeit eingegangen sein müssen, um „gültig" zu sein. Liegen die zugehörigen Richtlinien für den Antrag erst spät vor, so haben Sie ggf. nur relativ wenig Zeit, um alles vorzubereiten.

Drei Tipps aus der Praxis:

Besondere Anforderungen

1. Sofern Sie einen Antrag auf öffentliche Förderung stellen wollen:

   Bereiten Sie alles so schnell wie möglich vor und beziehen Sie vor allem alle notwendigen Beteiligten so früh wie möglich ein.

2. Wenn Sie Aufträge vergeben wollen oder müssen:

   Kümmern Sie sich rechtzeitig um die Vergaberegeln, denn im öffentlichen Bereich ist die Auftragsvergabe exakt geregelt, und es sind verschiedene Ausschreibungs- bzw. Vergabearten mit finanziellen Schwellenwerten vorgegeben, wie beispielsweise „Öffentliche Ausschreibung", „Beschränkte Ausschreibung", „freihändige Vergabe", „öffentlicher Teilnahmewettbewerb", „europaweite Ausschreibung". Diese sind im Einzelnen definiert und zum Teil noch weiter aufgeteilt.

   Jedes Vergabeverfahren bedeutet einen anderen Aufwand, Abstimmungs- und auch Zeitbedarf. Planen Sie entsprechende Zeiten und auch den Personalbedarf mit ein.

3. Denken Sie an Urlaubszeiten, in denen entscheidende Personen nicht für Abstimmung und Unterschriften anwesend sind!

Ein weiterer großer Unterschied zu Projektanträgen in der Privatwirtschaft liegt darin, dass viele verschiedene Ebenen eingebunden sind bzw. eingebunden werden müssen.

Einbindung aller Beteiligten

In vielen Projekten geht dies bis hin zur EU-Ebene, die zum Teil für die Vergabe von Fördermitteln bzw. deren Abrechnung zuständig ist. Auf den Zwischenebenen sind kommunale/städtische Gremien, politische Entscheidungsträger und manchmal auch die Bürger einzubinden; hinzu kommt die Landesebene oder auch die Bundesebene. Auch Mittelgeber in Form von öffentlichen Institutionen wie der NBank (Investitions- und Förderbank des Landes Niedersachsen) können ins Spiel kommen und als zentrale Abwicklungs- und Kontrollorgane für die Fördermittel fungieren.

Gesetzliche Regelungen bis hin zur Subventionsgesetzgebung sind zu beachten.

Ebenso kommt der Aufteilung in so genannte „Förderperioden" eine wichtige Rolle zu, da damit sowohl die Verfügbarkeit von Fördermitteln als auch die Laufzeit von Projekten begrenzt wird.

Da es in öffentlichen Vorhaben oft um die Fortführung von Themen innerhalb der gerade laufenden Förderperiode geht, kann dies besonders wichtig werden, wenn Vorhaben über längere Zeit fortgeführt und beispielsweise jährlich neu beantragt werden müssen. Durch die notwendige Freigabe von Mitteln auf EU-, Bundes- oder Landesebene kann es zu Verzögerungen kommen, die unvorhersehbar sind, aber durchaus gravierende Auswirkungen auf die Terminsituation von Projekten und auch besonders deren finanzielle und personelle Ausstattung haben können.

Projektanträge gerade auch im technologischen Bereich sind durch vielfältige Vorschriften geregelt, die detailliert eingehalten werden müssen, um letztendlich eine formelle „Bewilligung" zu erhalten und das Projekt starten zu können. Hilfreich in der Vor- bzw. Genehmigungsphase – die durchaus Monate dauern kann – können so genannte *Ausnahmen vom Verbot des vorzeitigen Maßnahmebeginns* sein, da es damit möglich ist, auch ohne vorliegende formelle Bewilligung das Vorhaben zu beginnen – allerdings auf eigenes finanzielles Risiko. Zumindest erlaubt es aber diese Konstruktion, bereits in der Bewilligungsphase am Projekt zu arbeiten und so die Terminplanung einzuhalten, wenn die Bewilligung später erteilt wird. Für Projekte mit umfangreichem IT-Bezug kann dies entscheidend sein!

> **Aktueller Projektstand:**
> *Projektphase 1:* Beantragung von Fördermitteln auf der Grundlage des eingereichten Projektantrags.

Wichtig: Genehmigung abwarten

Im öffentlichen Bereich ergibt sich der formelle *Auftrag für ein Projekt* in Form der Erteilung eines Zuwendungsbescheides (s. Abb. 4).

Sofern die offizielle Genehmigung des Vorhabens vorliegt, können Sie mit der weiteren Vorbereitung der Umsetzung des Projektes beginnen. Dies bedeutet, die Anforderungen genau zu analysieren, Aufgaben, Ressourcen und Termine zu planen, Gremien einzurichten, den Einsatz von Planungs- und Abrechnungshilfsmitteln vorzusehen und vieles mehr.

Zuwendungsbescheide

> **Aktueller Projektstand:**
> *Projektphase 2:* Der Projektauftrag wurde erteilt. Sie können mit dem Beginn des Projekts beginnen.

Warum Microsoft Excel sich als Werkzeug für das nach dem Projektauftrag beginnende Projektmanagement anbietet, darüber informiert Sie das kommende Kapitel.

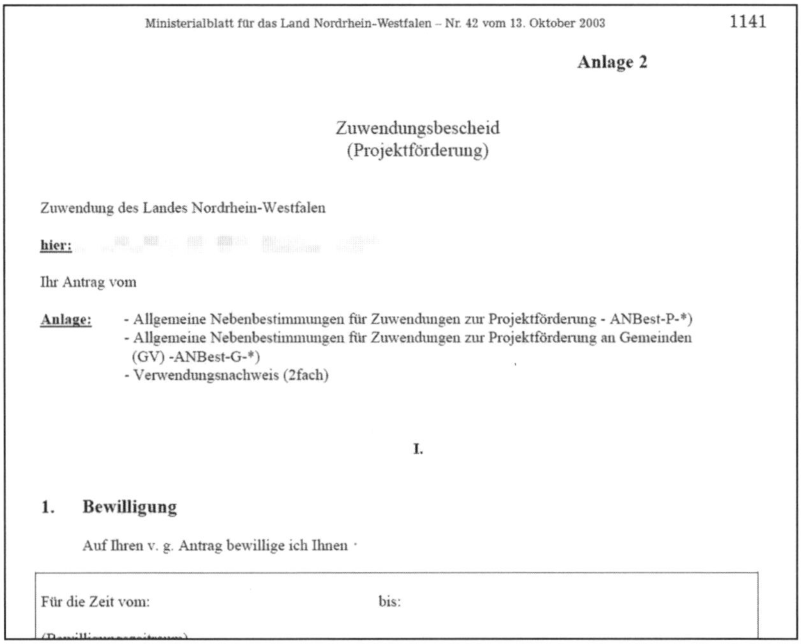

Ministerialblatt für das Land Nordrhein-Westfalen – Nr. 42 vom 13. Oktober 2003   1141

Anlage 2

Zuwendungsbescheid
(Projektförderung)

Zuwendung des Landes Nordrhein-Westfalen

hier:

Ihr Antrag vom

Anlage: - Allgemeine Nebenbestimmungen für Zuwendungen zur Projektförderung - ANBest-P-*)
    - Allgemeine Nebenbestimmungen für Zuwendungen zur Projektförderung an Gemeinden
    (GV) -ANBest-G-*)
    - Verwendungsnachweis (2fach)

I.

1. Bewilligung

Auf Ihren v. g. Antrag bewillige ich Ihnen ·

Für die Zeit vom: bis:

Abbildung 4: Anonymisiertes Muster eines öffentlichen Zuwendungsbescheides. Dieser markiert die Genehmigung zum offiziellen Projektstart.

2.7 Microsoft Excel als Werkzeug für das Projektmanagement

Microsoft Excel als Tabellenkalkulationsprogramm wird seit Jahren immer weiterentwickelt und bietet einen sehr großen Funktionsumfang. Dieser reicht von den einfachen Grundrechenarten über finanzmathematische Operationen bis hin zu komplexen statistischen Funktionen. Spezielle Auswertungsformen wie beispielsweise Pivot-Tabellen unterstützen die Arbeit. Tabellen können untereinander verknüpft werden, eine Formelberechnung in einer Zelle kann sich auf ein Ergebnis einer anderen Berechnung beziehen – komplexe Berechnungen und Sachverhalte können Sie anhand aussagestarker Diagramme klar herausarbeiten und Ihren Kollegen/Kolleginnen präsentieren. Excel ist ein sehr mächtiges Werkzeug.

Überschaubarer Rechenaufwand

In der Projektarbeit und ganz besonders im hier behandelten Projektmanagement ist der zu leistende „Rechenaufwand" in den meisten Fällen sehr überschaubar. Vielmehr geht es eher darum, Tabellen und Übersichten zu erstellen und zu pflegen, die einen guten und schnellen Überblick über die Projektsituation und die Kosten erlauben. Daher bietet sich Microsoft Excel mit seinen umfangreichen Funktionen an, diese Aufgabe zu unterstützen.

Betrachten Sie Projekte nach allgemeinen Gesichtspunkten näher, so stellen Sie schnell fest, dass in der Projektadministration wichtige „Standardaufgaben" abzuwickeln sind, die vielfach mit solchen Zahlen, Zusammenstellungen, Auswertungen und Berichten zusammenhängen:

Standardaufgaben der Administration

- Budgetplanung,
- Kostenaufstellungen,
- Personalplanung und -kosten,
- Projektüberwachung: Soll-/Ist-Vergleiche,
- Projektabrechnung,
- Präsentationen,
- Berichte.

Insgesamt sind dies allesamt Aufgaben, die zum größten Teil durch *Anwendung der vier Grundrechenarten* erledigt werden können. In der Projektpraxis müssen Sie diese allerdings oft sehr „umfangreich" einsetzen, wenn zum Beispiel die Projektzahlen übersichtlich und vor allem nachvollziehbar aufgestellt und präsentiert werden sollen oder wenn anschauliche Berichte erstellt werden müssen.

Grundrechenarten meist ausreichend

Doch auch hierfür stellt Microsoft Excel mächtige Werkzeuge zur Verfügung: Tabellen können durch farbliche Unterlegungen, Rahmen, verschiedene Schriftgrößen, die bedingte Formatierung von Zellen, Diagramme und viele weitere Darstellungsformen in der Art aufbereitet werden, dass das Betrachten und Bearbeiten auch größerer Datenmengen übersichtlich möglich ist und Spaß machen kann.

Für den planerischen und betriebswirtschaftlichen Teil von Projekten ist Microsoft Excel damit ein ideales Werkzeug. Und da die Funktionen ebenso für die Fortschrittsüberwachung und das Berichtswesen eingesetzt werden können, benötigen Sie bei durchschnittlich großen Projekten keine spezialisierten Projektmanagement-Werkzeuge.

Excel- & Word-Mustervorlage auf Ihrer CD-ROM zum Buch:

Damit Sie nicht jede benötigte Excel-Tabelle selbst „erfinden" und erstellen müssen, stehen Ihnen auf der CD-ROM zum Buch zahlreiche interessante Excel-Tabellen für ein erfolgreiches Projektmanagement zur Verfügung. Diese sofort einsetzbaren Excel-Tools und auch Word-Vorlagen erleichtern Ihnen die Arbeit sehr – Sie sparen wertvolle Arbeitszeit! Einfach aufrufen und Projekte planen.

Zusammenfassung

Projekte entstehen durch betriebswirtschaftliche, technische, organisatorische oder gesetzliche Anforderungen. Erste Beschreibungen der Anforderungen bzw. Problemstellungen werden für die Entscheidungsgremien erstellt, die auf Basis einer ersten Vorstellung entscheiden, was durchgeführt werden soll.

Erste grobe Ideen für Lösungen oder auch die Basis für einen offiziellen Projektantrag werden im Anschluss in einer ersten Projektgruppe erarbeitet und zur Genehmigung vorgelegt. Liegt diese vor, kann mit der Umsetzung des Vorhabens begonnen werden.

Microsoft Excel eignet sich hervorragend als Instrument für Projektplanung, Projektadministration, Projektsteuerung und Projektbetriebswirtschaft, da es erlaubt, sowohl umfangreiche Tabellen anzulegen als auch Diagramme zu erzeugen. Außerdem ist Microsoft Excel an sehr vielen Arbeitsplätzen bereits vorhanden – muss also nicht separat erworben und aufwändig geschult werden.

3 Werkzeuge für die Projektplanung

In diesem Abschnitt:

- Pflichtenheft, Grob- und Feinkonzept
- Ist-Zustand erheben
- Arbeitspakete und einzelne Aufgaben planen
- Ressourcen-Feinplanung
- Kosten- und Budget-Feinplanung
- Aufgaben- und Zeitfeinplanung
- Feinkonzeption
- Vorbereitung der Projektadministration

Ist die Basis für ein Projekt durch eine erste Grundsatzentscheidung gefallen, geht es nun darum, die weiteren Schritte zu planen, einen *vollständigen* Projektantrag zu schreiben und genehmigen zu lassen sowie nach erfolgter Genehmigung die Projektumsetzung im Detail vorzubereiten.

Weitere Schritte planen

Überlegen Sie in dieser Phase, welche weiteren Schritte jetzt notwendig sind und vor allem, welche notwendigen MitarbeiterInnen und BeraterInnen Sie im weiteren Verlauf benötigen. Planen Sie diese in Ihrer Mitarbeiter-Planung ein und fertigen Sie Übersichten an, die Ihnen das verfügbare Personal mit den anfallenden Kosten deutlich machen. Hinzu kommen bereits an dieser Stelle natürlich auch die Bearbeitung bzw. Beantwortung der inhaltlichen, d. h. fachlichen Fragestellungen.

Insgesamt bedeutet die Projektplanung damit, zwei mehr oder weniger parallele Handlungsstränge zu bearbeiten:

- Die **inhaltliche bzw. fachliche Projektplanung** – die genaue Analyse des Projektauftrages, die Aufgaben-, Ressourcen-, Zeit- und Finanzplanung.
- Die **Vorbereitung der administrativen Abwicklung** – die Planung der notwendigen EDV-Tools, die Einrichtung eines Steuerungsgremiums und der Projektgruppen, die Vorbereitung der Projektzeiterfassung und der Dokumentation.

Wie Sie diese beiden Stränge geordnet angehen, was Sie vorbereiten müssen, welche Probleme in der Praxis auftreten können und wie Sie Microsoft Excel effizient einsetzen, um die Aufgaben zu lösen, darüber im folgenden Abschnitt mehr.

3.1 Zusammenstellung der Projektgruppe

3.1.1 Hintergründe und Ziele

Alle Beteiligten einbeziehen

Im Projekt arbeiten viele Mitarbeiter mit, die organisatorisch zu unterschiedlichen Hierarchie-Ebenen gehören. Alle Mitarbeiter – unabhängig von der Ebene, aus der sie kommen – müssen in das Projekt eingebunden und mit denen für die Erledigung Ihre Projektaufgabe notwendigen Informationen versorgt werden. Die breite Palette an ProjektmitarbeiterInnen lässt sich wie folgt untergliedern:

Projektauftraggeber:	Hiermit sind diejenigen Personen gemeint, die über Projekte, also deren grundsätzliche Durchführung, entscheiden.
Projektentscheider:	Dies sind diejenigen Personen, die *im Projekt* Entscheidungen treffen dürfen.
Lenkungsausschuss:	Dieses Gremium (in transnationalen Projekten auch „Steering Committee" genannt) dient dazu, aus übergeordneter Sicht den Projektverlauf zu beobachten, um steuernd eingreifen zu können.
ProjektleiterIn:	Auch als *ProjektmanagerIn* bezeichnet; er/sie leitet das Vorhaben auf der fachlichen und operativen Ebene und ist für die Fertigstellung verantwortlich.
FachentscheiderInnen:	Dies sind die im Projekt zugeordneten oder benötigten MitarbeiterInnen aus den Fachabteilungen, die mit Entscheidungsbefugnissen ausgestattet sind.
TeilprojektleiterInnen:	Diese leiten untergeordnete Abschnitte, koordinieren innerhalb ihres Bereiches den Einsatz der MitarbeiterInnen und treffen Detailentscheidungen bezüglich der Umsetzung.
ProjektmitarbeiterInnen:	Die ProjektmitarbeiterInnen arbeiten operativ am Projekt; sie sind bereits an der Planung beteiligt und führen die Umsetzung durch.
Review Team:	Dieses Team untersucht die Ergebnisse daraufhin, ob alles den gestellten und vereinbarten Anforderungen entspricht und ob Fehler vorhanden sind oder sich Nachbesserungsbedarf ergibt.

3.1.2. Was ist zu tun?

Überblick schaffen

In der Phase der Personalplanung stehen folgende Aufgaben an:

- In dieser Phase der Projektplanung ist es wichtig, einen guten Überblick zu bekommen, wie viele bzw. welche Personen am Projekt beteiligt werden müssen.
- Für ein mittleres bzw. größeres Projekt werden alle in der Auflistung in Kapitel 3.1.1 aufgeführten Personengruppen benötigt und sind in

die Planungen und vor allem Entscheidungsprozesse einzubeziehen. Damit kommt unter Umständen eine beträchtliche Zahl von ProjektmitarbeiterInnen zusammen, die letztlich alle koordiniert werden müssen.

- Erstellen Sie eine entsprechende Übersicht (s. Abb. 5), aus der die Funktionsbereiche und die Namen der zu beteiligenden Personen hervorgehen. Damit erhalten Sie einen guten Überblick über den personellen Umfang des Vorhabens und ebenso über den notwendigen Abstimmungsaufwand. Gegebenenfalls wird im Rahmen dieses ersten Überblicks deutlich, dass manche ProjektmitarbeiterInnen bereits *vor* dem neuen Projekt soweit ausgelastet sind, dass sich personelle Engpässe ergeben könnten.

> Übersicht für alle Beteiligten

- Bereiten Sie die Übersicht so vor, dass Sie diese auch den Projektauftraggebern und Entscheidungsgremien vorlegen können und lassen ggf. Sie entscheiden, *wer* im Projekt mitarbeiten soll.

3.1.3 Excel-Muster „ProjektmitarbeiterInnen"

Starten Sie die Excel-Vorlage

Excel-Mustervorlage auf Ihrer CD-ROM zum Buch:

PM > I-1 ProjektmitarbeiterInnen

ProjektmitarbeiterInnen	
Funktion im Projekt	**Name**
Projektauftraggeber	Name
Projektentscheider	Namen
Lenkungsausschuss	Namen
Projektleiter	Name
FachentscheiderInnen	Namen
TeilprojektleiterInnen	Namen
ProjektmitarbeiterInnen	Namen
Review Team	Namen

Abbildung 5: Aufstellung der insgesamt am Projekt beteiligten MitarbeiterInnen

Hinweise zur Nutzung der Excel-Vorlage

Die als Muster vorgestellte Tabelle können Sie sowohl in Excel als ggf. auch in Word weiter bearbeiten und leicht durch überschreiben bzw. einfügen oder löschen von Zeilen Ihren Bedürfnissen anpassen.

Spezielle Formatierungen werden in der Musterdatei nicht verwendet.

Selbstverständlich können Sie zusätzlich zu den Funktionsbereichen und Namen bei Bedarf auch Telefonnummern und Organisationseinheiten mit aufnehmen, wenn dies im Projekt hilfreich sein könnte. Fügen Sie einfach die entsprechenden Zeilen und Spalten hinzu.

So planen Sie richtig!

Personal planen

Es ist keineswegs verfrüht, den Überblick über das benötigte Personal als ersten Planungsschritt zu erledigen: Denken Sie dran, dass alle MitarbeiterInnen, die im Projekt mitmachen sollen, auch offiziell dafür „abgeordnet" werden müssen. Sie müssen also entsprechende Übersichten und Entscheidungsgrundlagen vorlegen.

Praxis-Hinweis

Darüber hinaus benötigen Sie bereits für die kommenden ersten Aufgabenstellungen Personal, denn die detaillierte Aufnahme des Ist-Zustandes erfordert bereits Kapazitäten, die parallel zur weiteren Planung und für Umsetzungsvorbereitungen zur Verfügung stehen müssen.

Falls an dieser Stelle bereits die Frage nach den zu erwartenden *Personalkosten* aufkommt, reagieren Sie darauf, indem Sie parallel zur ProjektmitarbeiterInnen-Planung die Erstellung der Personalkostenübersicht auf dem Excel-Sheet **I-3 Ressourcenliste** vornehmen und so die zusätzlich gewünschten Informationen zur Verfügung stellen (s. Kapitel 3.5 „Ressourcen-Feinplanung" sowie Kapitel 3.7 „Kosten- und Budgetfeinplanung").

3.2 Die Gliederung von Pflichtenheft, Grob- und Feinkonzept

3.2.1 Hintergründe und Ziele

Analyse des Projektauftrags

Einer der ersten Schritte nach der Erteilung des Projektauftrages ist die **Analyse der groben, ersten Projektbeschreibungen sowie der Zielvorgaben:** Jetzt müssen die Aufgabenstellungen des Projektes genau ermittelt werden.

Handelt es sich beim Projektauftrag um eine Vorstands- oder Abteilungsvorlage, die unterschrieben zurück gekommen ist, so sind die Beschreibungen darin in der Regel recht kurz und übersichtlich.

Dies kann positiv für den schnellen Überblick sein, kann andererseits aber auch zunächst hemmend auf das Vorhaben wirken, da nämlich eine wirklich *exakte* Darstellung der Zielsetzungen notwendig ist, aus der der weitere Projektverlauf mit seinen Ergebnissen bzw. Lösungen abgeleitet werden kann.

3.2.2 Was ist zu tun?

Folgende Arbeitsschritte stehen jetzt an:

- Nehmen Sie sich den Projektauftrag vor und stellen Sie auf dieser Basis eine Übersicht zusammen, die *alle Zielvorgaben* umfasst. Erstellen Sie dafür eine *Grobgliederung*, die auch die Basis für Ihr Pflichtenheft bzw. Umsetzungskonzept bilden wird. Ein Muster finden Sie im folgenden Abschnitt 3.2.3 „Word-Muster Pflichtenheft". In der Praxis müssen Sie diese Gliederung an Ihren Projektauftrag anpassen und ergänzen, um allen Anforderungen gerecht zu werden.

  Zielvorgaben zusammenstellen

- Oft ergeben sich bei der ersten Analyse der Zielsetzungen Fragestellungen, die bei der Erstellung der Entscheidungsvorlage noch gar nicht bekannt waren, nicht bekannt sein konnten, oder die in der jetzt notwendigen Tiefe noch nicht betrachtet wurden. Notieren Sie diese Fragestellungen und überlegen Sie dabei, ob es um *K.O.-Kriterien* oder *Zielkonflikte* handelt, die zum Scheitern von Teilbereichen oder auch des gesamten Projekts führen können. So etwas sollte zwar nicht vorkommen, aber manchmal wird bei der Antragstellung etwas übersehen, oder das betriebliche Umfeld bzw. die gesetzlichen Anforderungen ändern sich, und ein „Umsteuern" ist notwendig.

  Fragen notieren

Praxis-Hinweis

Wichtig in dieser Phase ist, **sofort** auf Probleme hinzuweisen, wenn bei der Feinanalyse der Zielsetzungen Konflikte erkannt werden oder sonstige Informationen dafür sorgen, dass Teilziele des Projekts nicht wie gedacht erreicht werden können.

Aktueller Projektstand:

Wichtiges Endergebnis dieser Phase ist, dass sowohl die Projektvorgaben als auch Teilziele klar beschrieben und verbindlich kommuniziert sind.

Nach diesen Schritten sind die ersten Punkte Ihres groben „Pflichtenheftes" mit Inhalten gefüllt. Im weiteren Verlauf werden auch die weiteren Abschnitte ergänzt bzw. die Beschreibungen verfeinert. Alle relevanten Anforderungen werden mit den geplanten Lösungsansätzen zusammengeführt und „stimmig" gemacht.

3.2.3 Word-Muster „Pflichtenheft"

Auf Ihrer CD-ROM zum Buch steht Ihnen als Word-Dokument ein Muster für ein IT-Pflichtenheft zur Verfügung:

Vorlage IT-Pflichtenheft

Word-Mustervorlage auf Ihrer CD-ROM zum Buch:

PM > Pflichtenheft-Gliederung

Muster-Pflichtenheft für ein EDV-Projekt (Gliederung):

1 Einleitung

  1.1 Über dieses Dokument

  1.2 Versionshinweise

  1.3 Management Summary des beschriebenen Projekts

  1.4 Verteiler

  1.5 Verwendete Abkürzungen

2 Projektauftrag

3 Umsetzungskonzept

  3.1 Feindefinition der Projektziele

  3.2 Muss-, Soll- und Kann-Kriterien

  3.3 Rahmenbedingungen

  3.4 Technische Anforderungen

      3.4.1   Systemvoraussetzungen

      3.4.2   Hardware

            3.4.2.1 Anforderungen / Funktionen

            3.4.2.2 Aufwand

            3.4.2.3 Risiken

      3.4.3   Datenbank

            3.4.3.1 Anforderungen / Funktionen

            3.4.3.2 Aufwand

            3.4.3.3 Risiken

      3.4.4   Schnittstellen

            3.4.4.1 Anforderungen / Funktionen

            3.4.4.2 Aufwand

            3.4.4.3 Risiken

      3.4.5   Weitere Software

            3.4.5.1 Anforderungen / Funktionen

            3.4.5.2 Aufwand

            3.4.5.3 Risiken

      3.4.6   Benutzeroberfläche

            3.4.6.1 Anforderungen / Funktionen

            3.4.6.2 Aufwand

            3.4.6.3 Risiken

3.2.4 Hinweise zur Bedienung des Musters

Die dargestellte Muster-Gliederung ist für ein IT-Projekt vorgesehen, da es gerade in diesem Bereich üblich ist, sehr detaillierte und ausführliche Beschreibungen anzulegen.

Selbstverständlich ist dieses Muster übertragbar: Die verwendete Aufteilung nach technischen, organisatorischen und betriebswirtschaftlichen Anforderungen ist auch für Projekten außerhalb des IT-Bereichs sinnvoll; Sie können das Muster problemlos für Projekte mit anderen Schwerpunkten verwenden.

In Excel macht diese Ausarbeitung wenig Sinn, da Excel nicht für umfangreiche Texte geeignet ist.

Projekt-Tipp

Für jedes Projekt wird das Pflichtenheft anders aussehen, da es sich am jeweiligen Umfang, Zeitplan und natürlich dem Inhalt des Projekts ausrichtet. Passen Sie die Projektstruktur entsprechend Ihrer Projekterfordernisse an, indem Sie die Vorlage in Word um die für Ihr Projekt relevanten Punkte ergänzen oder kürzen.

Aktueller Projektstand:

Projektphase 3: Zusammenstellung der Projektziele und Erstellung einer Gliederung für das „Pflichtenheft".

3.3 Ist-Zustand aufnehmen

3.3.1 Hintergründe und Ziele

Wenn das Projekt startet, müssen Sie im Regelfall erst einmal ganz genau wissen, wie das im Projekt zu bearbeitende Themenfeld bisher erledigt wurde – wie sieht der „Ist-Zustand" aus.

Abbildung 6: Im Projektteam müssen der Ist-Zustand und die Anforderungen erarbeitet werden.

Problem erkennen

In dieser Phase geht es also darum, auf der Grundlage der bisherigen Situation das zu lösende Problem genau zu umreißen und auch erst einmal in seiner Gesamtheit zu erkennen. Dies kann im Regelfall zusammen mit ausgewählten TeilnehmerInnen des Projektteams sowie der späteren „operativen Umsetzer" erfolgen. Basis hierfür ist immer die Erfassung des derzeitigen Zustands.

Nur durch die Aufnahme des Ist-Zustands können Sie sicher sein, dass Sie das Projekt verstanden haben, die *derzeitigen* Abläufe kennen und eine (zunächst grobe) Vorstellung von den zu lösenden Aufgaben entwickelt haben.

Zur Aufnahme ist die intensive Kommunikation mit den aktuellen Nutzern – also den Endanwendern bzw. Ihren Auftraggebern – nötig, um sicherzustellen, dass eindeutige Beschreibungen erstellt werden und eine korrekte Ist-Aufnahme entsteht (s. Abb. 6).

3.3.2 Was ist zu tun?

Ist-Zustand in drei Schritten aufnehmen

Das Aufnehmen des Ist-Zustands kann in drei Teilschritte untergliedert werden: Prozessanalyse, Prozessbeobachtung und Mitarbeiterbefragung. Klären Sie dabei folgende Fragen:

- **Prozessanalyse:** Welche Kernprozesse gibt es? Wie werden diese durchgeführt – welche zusätzlichen Abläufe dienen zur Unterstützung der Kernprozesse? Wie beeinflussen die einzelnen Prozesse Ergebnisse und Qualität des aktuellen Verfahrens?

- **Prozessbeobachtung:** Beobachten Sie im (noch) laufenden Verfahren, wie die Prozesse ablaufen und die Ergebnisse zustande kommen. Erfassen Sie die einzelnen Verfahrensschritte und stellen Sie diese ggf. graphisch anhand eines Ablaufdiagramms dar.

- **Mitarbeiterbefragung:** Beziehen Sie die im aktuell laufenden Verfahren arbeitenden „Prozessbeteiligten" so früh wie möglich mit ein. Dabei können Sie vor Ort persönliche Gespräche führen oder aber auch – sofern dies überhaupt möglich ist – einen Fragebogen verwenden. Das persönliche Gespräch, eventuell auch in kleiner Gruppe, sollte allerdings vorgezogen werden, da es direktere Ergebnisse bringt und Nachfragen erlaubt.

Fachleute befragen

Am Beispiel eines IT-Projekts können Sie wie folgt vorgehen bzw. die folgenden Informationen erfassen:

IT-Aufnahme für ein IT-Projekt:

- Aktuelle technische Ausstattung
- Aktuelle Software-Versionen
- Genutzte Schnittstellen (Beschreibung)
- Genutzte Datenstrukturen der Datenbank
- Beschreibung vorhandener Abläufe
- Zeitliche Einordung bzw. Intervalle der Abläufe
- Eingesetzte Ressourcen
- Kapazitätsbedarf (Datenbank, Netzwerk, Server)
- Eingesetzte Personalressourcen
- Aktuell laufende Verträge inklusive Kündigungsfristen
- Aktuelle laufende Kosten (monatlich/jährlich bzw. Angabe des Zahlungsintervalls)

Die Analysephase ist auch hervorragend dazu geeignet, Stichworte zu sammeln, d. h., Anmerkungen der Beteiligten aufzunehmen, die vielleicht noch gar nicht behandelt werden können oder müssen, die aber in späteren Projektphasen relevant werden.

Manchmal entsteht aus einer Analysesitzung mit dem Projektteam eine „freie Diskussion", in der jeder meint, seine beliebigen Anmerkungen ins Feld führen zu müssen. Es kann in dem Rahmen durchaus zu Äußerungen kommen wie *„Wenn das Ganze so umgesetzt werden soll, müssen wir aber bedenken, dass bei der Einführung die Filialen sechs Wochen vorher Bescheid wissen müssen!"*. Natürlich müssen Sie einerseits solche Ausbrüche dämpfen, andererseits können sich diese aber auch als sehr nützlich erweisen, um kritische Punkte frühzeitig zu erkennen.

Fragen und offene Punkte sammeln

Gehen Sie folgendermaßen vor:

- Fertigen Sie eine „Offene Punkte"-Liste an.
- Pflegen Sie diese „Offene Punkte"-Liste permanent weiter.

- Die große Gefahr ist in dieser Phase liegt darin, dass Punkte unerwähnt bleiben, weil sie für selbstverständlich gehalten werden. Fragen Sie aktiv nach, ob es Anmerkungen oder Praxishinweise gibt!

3.3.3 Word-Fragedatei „Ist-Zustandserfassung"

Excel-Mustervorlage auf Ihrer CD-ROM zum Buch:

PM – Ist-Zustandserfassung

Praxis-Hinweis

Achten Sie darauf, zu allen Punkten die Antworten übersichtlich und knapp zu fassen, sodass diese schnell zu überblicken sind.

Bei technischen Fragestellungen müssen Sie allerdings stärker ins Detail gehen, da die entstehenden Antworten die Basis für technische bzw. IT-technische Umsetzungsaktivitäten sein wird.

Aktueller Projektstand:

Projektphase 4: Eine detaillierte Beschreibung des Ist-Zustandes liegt vor.

3.4 Aufgabenbereiche und Arbeitspakete planen

3.4.1 Aufgabenbereiche

Hintergründe und Ziele

Aufgaben-
felder
gliedern

Nach der detaillierten Analyse der Zielvorgaben können Sie beginnen, die einzelnen groben Aufgabenfelder aufzulisten und diese stichwortartig zu beschreiben.

Was ist zu tun?

Teilen Sie die Aufgabenfelder – wenn notwendig – in die Projektarbeitsbereiche

- „Technik",
- „Organisation" und
- „Betriebswirtschaft"

ein, da Sie damit bereits stichwortartig auch das technische Umfeld beachten bzw. beachten *müssen*. Damit bereiten Sie auch gleichzeitig die späteren „Arbeitspakete" vor. Stellen Sie diese entsprechend der Untergliederung als Grobübersicht zusammen (s. Abb. 7).

Sie haben so nach relativ kurzer Zeit einen guten Überblick, welche Aufgabenfelder überhaupt bearbeitet werden müssen und wie diese einzuordnen sind.

Auf dieser Grundlage können Sie auch ersten Kontakt mit weiteren Projektbeteiligten aus den Fachabteilungen aufnehmen und diese bitten, die Aufstellung zu prüfen und ggf. zu ergänzen. So erreichen Sie bereits zu Beginn des Projekts, dass die weiteren Beteiligten einbezogen und um ihre fachliche Zuarbeit und Abstimmung gebeten werden.

Aufgabenstellungen überprüfen

Ein weiterer Vorteil liegt darin, dass Ihre Aufstellung genauer wird und zu diesem frühen Zeitpunkt bereits Teilaufgaben, spezielle Fragestellungen oder Probleme und Ansätze für die spätere Zeitplanung enthalten kann.

Excel-Muster „Aufgabenbereiche"

Excel-Mustervorlage auf Ihrer CD-ROM zum Buch:

PM > I-2 Projektarbeitsbereiche

Projektarbeitsbereiche (grob)		
Kategorie	**Zielsetzung**	**Aufgaben / Zusatzinformationen / Konflikte**
Technik	Projekthomepage erstellen	vorhandene Homepage nutzen?
		Systemtechnik und Rechenzentrum einbinden
Organisation	Pflege der Homepage in Unternehmensablauf integrieren	
	Schulung für CMS durchführen	
	Zulieferung von Informationen für die Homepage aus den Fachbereichen regeln	Marketing einbinden
	Downloads auf Homepage bereitstellen	
Betriebswirtschaft	Einmal- und laufende Kosten der Homepage berücksichtigen	Budget jährlich neu beantragen

Abbildung 7: Planung der groben Projektarbeitsbereiche am Beispiel eines IT-Projekts

Erfassen Sie in der Tabelle die groben Arbeitsbereiche und merken Sie besondere Fragen, Problemstellungen oder Anmerkungen in der entsprechenden Spalte vor.

3.4.2 Arbeitspakete

Was ist zu tun?

Beginnen Sie erst danach mit der inhaltlichen Beschreibung der Arbeitspakete. Ihre Arbeitspaket-Beschreibung sollte dabei auf jeden Fall die folgenden Informationen bzw. Darstellungen enthalten:

Arbeitspakete beschreiben

- Bezeichnung des Arbeitspaketes.
- Beschreibung des Ziels der Aufgabe, also des erwarteten Ergebnisses.
- Benennung von Einzelaufgaben innerhalb des Arbeitspaketes.
- Geschätzter Zeitaufwand in Personentagen. In der Praxis nutzen Sie hierfür alle Informationen über das Vorhaben, die Ihnen bisher vor-

liegen und erstellen auf dieser Basis eine *Zeitschätzung*. Mehr kann es zu diesem Zeitpunkt nicht sein, denn erst in der Umsetzung wird sich zeigen, wie viel Zeit tatsächlich benötigt wird. Auch können Sie jetzt noch nicht genau festlegen, *wann* die Aufgabe umgesetzt wird, d. h. eine kalendarische Planung ist momentan noch kaum möglich.

- Geschätzter Kostenaufwand (Summe der Personalaufwandskosten + Kosten sonstiger benötigter Ressourcen).
- Aufgabenverantwortliche/r (namentlich zu benennen).

Word-Muster „Arbeitspaket-Beschreibung"

Word-Mustervorlage auf Ihrer CD-ROM zum Buch:

PM – AP-Beschreibung

Das vorgestellte Muster ist eine Word-Datei und erlaubt die freie Eintragung von Texten und Zahlen (s. Abb. 8). Sie können das Muster ebenso nach Excel übertragen und dort bearbeiten, sofern Sie nicht zu große Textmengen in die einzelnen Felder schreiben wollen. Wir empfehlen aber die Bearbeitung in Word.

Projekt-Tipp

Besonders wichtig bei der Aufstellung der Arbeitspakete ist, dass *jedes Arbeitspaket eindeutig beschrieben* und einem Arbeitspaketverantwortlichen oder einer Verantwortlichen zugeordnet ist. Die entsprechende Person übernimmt damit die *Leitung* des Arbeitspaketes, auch wenn an der Umsetzung des Arbeitspaketes mehrere MitarbeiterInnen beteiligt sind.

Zuständigkeiten zuweisen

Durch diese Methode gewährleisten Sie, dass Sie *genau eine* Ansprechpartnerin bzw. einen Ansprechpartner haben, die/der für die kosten- und zeitgerechte Fertigstellung innerhalb des gesetzten Rahmens verantwortlich ist.

Die Aufteilung der Zuständigkeit bzw. Verantwortung für einzelne Arbeitspakete auf *mehrere* Personen kommt in der Praxis manchmal vor, da damit versucht wird, die Vertretung zu regeln. Vermeiden Sie dies, da es schnell zum Chaos führen kann!

Achten Sie bei der Beschreibung des Arbeitspaketes darauf, die Aufgaben und Ziele so darzustellen, dass exakt deutlich wird, *was* zu tun ist. Sie vermeiden damit Rückfragen und Diskussionen.

Ein Nachteil der Beschreibung einzelner Arbeitspakete ist, dass Sie zwar die jedem Paket zugewiesenen Ressourcen sowie den Zeit- und Kostenrahmen kennen, jedoch keinen kompletten Überblick über die Summe der Pakete haben. Daher sollten Sie ebenfalls im Sinne der Ressourcenplanung eine *Gesamtübersicht* erstellen, in der alle Teilbereiche mit Ihren

Arbeitspaketen und den zugeordneten Ressourcen dargestellt sind. Dazu im folgenden Abschnitt mehr.

Aktueller Projektstand:
Projektphase 5: Planung der Aufgabenbereiche und Arbeitspakete.

Arbeitspaket-Beschreibung		
Projektname:		
Teilprojekt-Bezeichnung:		
Arbeitspaket-Bezeichnung:	AP-Nr.:	
Arbeitspaket-Status	☐ in Arbeit ＿＿% fertig ☐ abgeschlossen	
Zielsetzungen/erwartete Ergebnisse:		
Durchzuführende Tätigkeiten/Maßnahmen/Einzelaufgaben:		
Voraussetzungen, benötigte Ressourcen, Dokumente:		
Starttermin des AP:	Endtermin des AP:	
Dauer des AP in Kalendertagen:	Dauer des AP in Personentagen:	
Ausführende/r MitarbeiterIn:		
Aufgabenverantwortliche/r:		
Geschätzte Kosten [€]	☐ Personalkosten: € ☐ Sachkosten: € ☐ Summe: €	

Abbildung 8: Muster einer Arbeitspaket-Beschreibung

3.5 Ressourcen-Feinplanung: Gesamtübersicht erstellen

3.5.1 Hintergründe und Ziele

Ressourcenbedarf ermitteln

Haben Sie die groben Aufgabenbereiche und die Arbeitspakete beschrieben, können Sie im nächsten Schritt den insgesamt nötigen Ressourcenbedarf ableiten. Damit stellen Sie fest, *wen* Sie überhaupt für das Projekt zur Verfügung haben und was das Personal in dieser Zeit kostet.

Dabei geht es um folgende Kategorien:

- **Personelle Ressourcen:** Steuerungsgremium, ProjektmitarbeiterInnen für die Umsetzung, externe Unterstützung, „Lehrkräfte" für notwendige Schulungen.

- **Technische Ressourcen:** Hard- und Software, sonstige Geräte, eventuell Spezialanwendungen mit entsprechendem Beschaffungsbedarf.

- **Finanzielle Ressourcen:** Finanzbedarf für bestimmte Bereiche, Tranchen.

- **Wissensressourcen:** Bedarfe für Seminare und/oder Fachschulungen; Tagungsteilnahmen; Informationsaustausch mit übergeordneten Stellen.

- **Sonstige Ressourcen:** Hierbei handelt es sich z. B. um Dienstfahrzeuge für Dienstfahrten oder ein Firmen-Mobiltelefon sein.

Bei dieser Übersicht geht es um die Darstellung, mit welchen Mitteln die Umsetzung überhaupt erfolgen kann.

Achten Sie dabei unbedingt darauf, dass Sie sich nicht verzetteln: Überlegen Sie, für welche Aufgaben Sie ein Team brauchen und was besser durch Einzelpersonen erledigt wird.

3.5.2 Was ist zu tun?

Die nächsten Arbeitsschritte sind:

- Erstellen Sie eine Ressourcenliste.

- Nehmen Sie *alle* beteiligten Personen in die Übersicht auf, und ermitteln Sie dabei auch die entstehenden Personalkosten. Nutzen Sie hierfür die *Kosten- und Budgetplanung* mit den Mustertabellen für Personal- und Sachkosten (s. Kapitel 3.7 „Kosten- und Budgetfeinplanung"). Mit der Personalkostenplanung ermitteln Sie beispielsweise die *Tagessätze* der beteiligten Personen, weiterhin können Sie die *Sachkosten pro Arbeitspaket* ermitteln und weiter verwenden.

3.5.3 Excel-Muster „Ressourcen-Feinplanung"

Excel-Mustervorlage auf Ihrer CD-ROM zum Buch:

PM > I-3 Ressourcenliste

Ressourcenliste					
Funktion / Wer	Einsatzzeitraum von [Datum]	Einsatzzeitraum bis [Datum]	Ergibt Personentage / Einsatztage [Anzahl Arbeitstage]	Tagessatz [€]	Ergibt Kosten für die Einsatzzeit [€]
Personal					
Projektleitung / Name1	01.07.2010	31.12.2010	132	327,05 €	43.170,00 €
Systemtechnik / Name2	01.08.2010	30.08.2010	21	292,69 €	6.146,51 €
Rechenzentrum / Name3	01.08.2010	30.08.2010	21	246,73 €	5.181,27 €
Datenbank-Entwicklung / Name4	15.08.2010	30.08.2010	11	285,25 €	3.137,70 €
Webdesign / Name5	01.08.2010	30.09.2010	44	234,00 €	10.296,00 €
Marketing / Name6	15.09.2010	27.09.2010	9	233,08 €	2.097,74 €
Verwaltung / Assistenz / Name7	01.07.2010	31.12.2010	132	182,73 €	24.120,00 €
Zwischensumme			370		94.149,22 €
Technische Ressourcen					94.149,22 €
IT-Investitionen	01.08.2010	31.12.2010	152	55,92 €	8.500,00 €
Zwischensumme			152		8.500,00 €
Wissensressourcen					48.151,44 €
Schulungen	01.07.2010	31.07.2010	22	400,00 €	8.800,00 €
Zwischensumme			22		8.800,00 €
Sonstiges					41.420,00 €
Sonstiger Aufwand	01.07.2010	31.12.2010	132	204,17 €	26.950,00 €
Zwischensumme			132		26.950,00 €
GESAMTSUMME			132		138.399,22 €

Abbildung 9: Ressourcenliste

3.5.4 Hinweise zur Bedienung des Excel-Musters

Wenn Sie die Personal- und sonstigen benötigten Kapazitäten mit diesem Excel-Muster planen, können Sie gleichzeitig die Personalkosten ermitteln – bitte setzen Sie hierfür parallel die entsprechende Tabelle „Personalkosten" ein (s. Kapitel 3.7). Die Kosten pro Arbeitstag werden dann automatisch aus dem Tabellenblatt „Personalkosten" übernommen.

Bei der Berechnung der Personentage erfolgt die automatische Ermittlung der *Arbeitstage* – also ohne Einrechnung der Wochenendtage und Feiertage.

Die insgesamt ermittelten Werte gehen in die spätere Ermittlung der Kosten pro Arbeitspaket ein: die Arbeitstage werden bereits automatisch übertragen und stehen Ihnen im Arbeitsblatt **I-8 Kosten pro Arbeitspaket** bereits zur Verfügung. Wenn Sie dort die Mitarbeiterkosten auf die Arbeitspaket verteilen, müssen die Summen im **Blatt I-3 Ressourcenliste** und **I-8 Kosten pro Arbeitspaket** identisch sein.

Kosten ermitteln

Die Musterlösung rechnet sowohl Zwischensummen als auch die Gesamtsummen aus. Sie können die Abschnitte leicht durch Kopieren und Einfügen ergänzen und diese so an Ihre persönlichen Bedürfnisse anpassen.

Tragen Sie in die grün unterlegten Felder die entsprechenden Daten ein, die restlichen Felder werden automatisch berechnet.

Projekt-Tipp

Da die Gesamt-Ressourcenliste auch die Eingabe der jeweiligen Kosten erfordert, sollten Sie die *Personalkostenplanung* (s. Kapitel 3.7 „Kosten- und Budgetfeinplanung") parallel durchführen.

3.5.5 Sonderfall: Ressourcenplanung in öffentlich geförderten Vorhaben

Hintergründe und Ziele

Richtlinien unbedingt beachten!

Bei öffentlich geförderten Vorhaben gibt es oft spezielle Vorgaben für die Ressourcenplanung: In solchen Fällen schreiben die Richtlinien beispielsweise vor, dass alle ProjektmitarbeiterInnen bereits in der Antragstellung namentlich genannt und hinsichtlich ihrer Funktionen, Personalkosten und auch der vorhandenen Erfahrungen und Kompetenzen beschrieben werden müssen. Dies kann bis hin zur Lieferung von Lebensläufen für die Beteiligten an die Mittelgeber gehen.

Solche Aktionen können im Vorfeld die Planungsphase erheblich beeinträchtigen und zu Verzögerungen führen, da sämtliche Informationen erst einmal gesammelt, vereinheitlicht und geprüft werden müssen.

Denken Sie daran, die Richtlinien und sonstigen Vorschriften genau zu prüfen, um nicht in die Falle der unvollständigen Antragstellung zu laufen!

Was ist zu tun?

Die folgenden Arbeitsschritte stehen an:

- In Fällen der öffentlichen Förderung müssen Sie auch daran denken, dass sich die Personal- bzw. die sonstige Ressourcenausstattung im Laufe des Projektes ändern kann – und dann ggf. Änderungsmitteilungen an die Mittelgeber notwendig sind.
- Planen Sie entsprechende Zeitbedarfe mit ein!
- Berücksichtigen Sie auch evtl. notwendige Reservezeiten.
- Berücksichtigen Sie mögliche Gehaltsveränderungen während der Projektlaufzeit (durch Stufenanhebungen oder Tariferhöhungen).

Aktueller Projektstand:

Projektphase 5: Erstellung der Ressourcen-Gesamtübersicht.

3.6 Schulungsbedarf

3.6.1 Hintergründe und Ziele

Im Rahmen vieler Projekte ergibt sich auch Schulungsbedarf: Entweder entsteht dieser bereits im Vorfeld der Realisierung, wenn beispielsweise spezielle Kenntnisse für die Lösung der jeweiligen Aufgabenstellung erforderlich sind, oder aber zur Einführung des fertigen Ergebnisses. Danach geht es aber eher darum, die NutzerInnen der Lösung mit einer geänderten oder neuen (IT-)Anwendung oder auch neuen organisatorischen Abläufen und Systemen vertraut zu machen sowie die „Arbeitsfähigkeit" (wieder) herzustellen.

3.6.2 Was ist zu tun?

Wenn Sie erkennen, dass Schulungsbedarf entsteht, planen Sie die folgenden Punkte ein:

Schulungsbedarf planen

- Betroffene *ProjektmitarbeiterInnen*.

- Betroffene *AnwenderInnen*.

- Benötigter *Zeitaufwand* für die Schulungen inklusive Start- und Enddatum: Die datumsmäßige Planung kann notwendig sein, wenn beispielsweise eine Migration auf ein neues Verfahren bzw. ein neues System durchgeführt wird. Gerade in diesem Fall müssen die Schulungen so rechtzeitig erfolgen, dass ein reibungsloser Übergang auf das neue System und ein anschließender problemloser Betrieb möglich sind.

- Notwendige *externe Fachseminare*: Manche Spezialgebiete werden ausschließlich von externen Anbietern geschult. Planen Sie entsprechende Zeiten und Kosten mit ein – und nehmen Sie die „Ausfallzeiten" der betroffenen MitarbeiterInnen auch in Ihre Projektplanung auf.

- Nutzen Sie ggf. *internetgestützte Lernplattformen* für die Bereitstellung von Schulungsunterlagen oder die onlinegestützte Durchführung von Schulungen („eLearning").

- Erstellen Sie eine Übersicht, die sowohl die MitarbeiterInnen als auch die Seminarbezeichnung, die Abwesenheitszeiten und die Kosten beinhaltet (s. Abb. 10).

Lassen Sie die notwendigen Schulungen so schnell wie möglich durchführen, damit die betroffenen ProjektmitarbeiterInnen die Möglichkeit haben, schnell wieder in die direkte Projektarbeit einzusteigen und an der Realisierung mitzuwirken.

Schulungen schnell erledigen

3.6.3 Excel-Muster „Schulungsbedarf"

Excel-Mustervorlage auf Ihrer CD-ROM zum Buch:

PM > I-13 Schulungsbedarf

Füllen Sie die grün hinterlegten Felder aus, und Sie erhalten einen kompletten Überblick über den Schulungsbedarf, die Abwesenheitszeiten und die sich ergebenden Abwesenheitstage (in Arbeitstagen errechnet) sowie die entstehenden Kosten (s. Abb. 10).

Schulungsbedarfe					
Funktion / Wer	Seminarbezeichnung Seminarort	Seminarbeginn [Datum]	Seminarende [Datum]	Ergibt Abwesenheitstage [Anzahl Arbeitstage]	Kosten [€]
Personal					
Projektleitung / Name1				0	0,00 €
Systemtechnik / Name2				0	0,00 €
Rechenzentrum / Name3	DB-Einbindung / Bremen	01.07.2010	15.07.2010	11	4.400,00 €
Datenbank-Entwicklung / Name4				0	0,00 €
Webdesign / Name5	Skripting	16.07.2010	31.07.2010	11	4.400,00 €
Marketing / Name6				0	0,00 €
Verwaltung / Assistenz / Name7				0	0,00 €
GESAMTSUMME				22	8.800,00 €

Abbildung 10: Übersicht über Schulungsbedarf inklusive Abwesenheitszeiten und Kosten

Projekt-Tipp

Pflegen Sie die Abwesenheitszeiten für Seminare und Fortbildungen ggf. in Ihre Projektzeitplanung ein (siehe hierzu auch Kapitel 3.8 „Aufgaben- und Zeitfeinplanung") und machen Sie die entsprechenden Zeiten beispielsweise durch eine andere Farbgebung deutlich. So haben Sie ein hervorragendes Hilfsmittel, um auf einen Blick zu erkennen, wann die einzelnen Personen nicht im Projekt zur Verfügung stehen.

Aktueller Projektstand:

Projektphase 5: Schulungsbedarf der ProjektmitarbeiterInnen wurden ermittelt und Schulungen wurden geplant oder bereits durchgeführt.

3.7 Kosten- und Budgetfeinplanung

3.7.1 Hintergründe und Ziele

Budgets festlegen

Die Budgetplanung ist eine der Aufgaben, die schon bei den ersten Überlegungen über das Projekt aufkommt und Sie bis zum Ende die Umsetzung begleitet.

Für die Planung des Projektbudgets müssen Sie auf Basis Ihrer vorherigen Überlegungen bezüglich der benötigten Ressourcen festlegen, welche Kosten entstehen und diese für das Gesamtprojekt summieren. Ausnahme: Bei Vorhaben, die von vornherein mit einem festen Budget ausgestattet sind, müssen Sie durch entsprechende Kalkulationen ermitteln, was für diesen Betrag leistbar ist und wie viel Personal- und Sachkosten Sie einsetzen können. Solche Kalkulationen sind z. B. in öffentlich geförderten Vorhaben nötig, wenn der Förderbetrag auf eine bestimmte Höhe limitiert ist.

Auch für die Kosten- und Budgetfeinplanung haben sich in der Praxis die *Aufteilungen nach Kostenbereichen* bewährt (entsprechend der Ressourcen z. B. Personal- und Sachkosten).

Darüber hinaus müssen Sie – da auch während der Projektlaufzeit Kosten anfallen – mindestens über die einzelnen *Haushaltsjahre* planen, um entsprechend die benötigten Mittel bereitstellen zu können bzw. zur Verfügung zu haben.

3.7.2 Was ist zu tun?

Für die Planungsphase eines Projektes bedeutet dies, dass Sie folgendermaßen vorgehen bzw. folgende Schritte durchführen und beachten müssen:

Alle Kostenarten berücksichtigen

1. *Personalkosten* einschätzen: Stellen Sie anhand des Ressourcentableaus fest, wer wie viel kostet (s. Abb. 11). Setzen Sie dabei die „Arbeitgeber-Bruttokosten" an, also die Personalkosten inklusive Arbeitgeberanteilen an der Sozialversicherung. Dies ist auch in öffentlich geförderten Vorhaben der Standard.

2. Denken Sie an mögliche *Tariferhöhungen, Stufenanhebungen* bzw. *Beförderungen* während der Projektlaufzeit! Diese können die Personalkosten erheblich beeinflussen! Planen Sie mit entsprechenden prozentualen Erhöhungen oder auch Festbeträgen!

3. Schätzen Sie die *Sachkosten* ein (s. Abb. 12). Diese können beispielsweise bestehen aus: Kosten für externe Beratung, Schulungskosten, Mobilitätskosten, Computer und Zubehör, Software, Büromaterial, Telefonkosten, Druckkosten, Fachliteratur, Catering, Büromiete, Verbrauchsmaterial, Versicherungen, Werbekosten, Sonstigem.

4. Denken Sie an *Reservepositionen*, die für unvorhergesehene Kosten vorgehalten werden – dies ist allerdings in öffentlich geförderten Vorhaben nicht möglich, da alle Kostenpositionen exakt kalkuliert werden müssen.

5. Gehen Sie die grobe Aufgabenplanung durch und ermitteln Sie die zu erwartenden *Kosten für jedes Arbeitspaket („Plankosten" bzw. „Soll-Kosten")*. Identifizieren Sie die einzelnen Kostenarten/Kostenbereiche und ordnen Sie diese zu (hier: Personal- und Sachkosten), bzw. untergliedern Sie diese ggf. weiter.

6. Für die finanzwirtschaftliche Abwicklung sehr wichtig ist auch die *Unterteilung der Kosten nach Einmalkosten und laufenden Kosten* (s. Abb. 13)! Legen Sie eine entsprechende Übersicht an, und berechnen Sie dabei auch die jährlich anfallenden laufenden Kosten. Dies vereinfacht später Ihre Haushaltsplanung für die Folgejahre. Die laufenden Kos-

ten beeinflussen ebenso die Aufwands- und Ertragsprognosen wie auch Abschreibungsmöglichkeiten, also die steuerliche Seite des Unternehmens. Stimmen Sie die Abschreibungsmöglichkeiten ggf. mit der Finanzbuchhaltung ab.

7. Ermitteln Sie unter Einbeziehung der berechneten Personal- und Sachkosten die *Kosten pro Arbeitspaket* (s. Abb. 14). Diese Tabelle bildet die Grundlage für die weitere betriebswirtschaftliche Überwachung des Projektes und die Berichterstattung.

8. Unterteilen Sie – wenn nötig – die Teilbudgetlinien in *Jahrestranchen entsprechend der Haushaltsjahre* (s. Abb. 16).

9. Schaffen Sie eine enge Verknüpfung mit Controlling und Berichtswesen. Damit ist gemeint, dass Sie Ihre Planungs- bzw. Überwachungssysteme so ausrichten sollten, dass Sie Daten nach Möglichkeit nicht zweimal oder mehrfach erfassen müssen, wenn es beispielsweise um die Erstellung von Berichten oder Projektstatistiken geht.

Praxis-Hinweis

Behalten Sie bei der Kostenplanung im Hinterkopf, dass nachträgliche Budgeterhöhungen immer nur schwer zu begründen sind. Außerdem erscheinen Sie als Projektleiter schnell als inkompetent, wenn so etwas passiert und festgestellt wird, dass bereits in der Anfangs-/Planungsphase des Projektes Fehler begangen und Dinge vergessen wurden.

3.7.3 Vier Excel-Muster rund um die „Kosten- und Budgetfeinplanung"

Zur Kosten- und Budgetfeinplanung stehen Ihnen vier Excel-Sheets zur Verfügung:

1. Personalkostenplanung (hier: Ermittlung des Tagessatzes)

2. Sachkostenplanung

3. Planung der Einmalkosten und laufenden Kosten

4. Ermittlung der Kosten pro Arbeitspaket

Vier Excel-Mustervorlage auf Ihrer CD-ROM zum Buch:

PM > I-5 Personalkosten-Arbeitstag

PM > I-6 Sachkostenplanung

PM > I-7 Einmal-lfd-Kosten

PM > I-8 Kosten pro Arbeitspaket

PERSONALKOSTEN (Ermittlung der Kosten pro Arbeitstag, Planwerte)				
MitarbeiterIn [Funktion]	Anzahl MA benötigt	Kosten AG-brutto pro Jahr [€]	Kosten pro Arbeitstage (220 pro Jahr)	Gesamtkosten pro Jahr [€]
Projektleitung	1,00	71.950,00 €	327,05 €	71.950,00 €
Systemtechnik	0,50	64.392,00 €	292,69 €	32.196,00 €
Rechenzentrum	0,25	54.280,00 €	246,73 €	13.570,00 €
Datenbank-Entwicklung	1,00	62.754,00 €	285,25 €	62.754,00 €
Webdesign	1,50	51.480,00 €	234,00 €	77.220,00 €
Marketing	0,25	51.278,00 €	233,08 €	12.819,50 €
Verwaltung / Assistenz	1,00	40.200,00 €	182,73 €	40.200,00 €
Summe	5,50	396.334,00 €		310.709,50 €

Abbildung 11: Mustertabelle zur Ermittlung der Personalkosten;
hier: Ermittlung des Tagessatzes

SACHKOSTEN (Planwerte)									
Arbeitspaket-Bezeichnung	Externe Fachleute und BeraterInnen [€]	Reisen und Unterkunft [€]	Schulungen [€]	Öffentlichkeits-arbeit [€]	Büromaterial [€]	Kommunika-tionskosten [€]	IT-Investitionen [€]	Sonstiges [€]	Summe [€]
AP1	4.800,00 €				25,00 €	200,00 €	6.000,00 €	150,00 €	11.175,00 €
AP2		750,00 €			25,00 €	200,00 €		150,00 €	1.125,00 €
AP3		1.250,00 €		1.250,00 €	25,00 €	200,00 €		150,00 €	2.875,00 €
AP4		500,00 €	8.800,00 €		25,00 €	200,00 €		150,00 €	9.675,00 €
AP5	6.000,00 €				25,00 €	200,00 €	2.500,00 €	300,00 €	9.025,00 €
AP6		200,00 €			25,00 €	200,00 €		150,00 €	575,00 €
AP7		200,00 €			25,00 €	200,00 €		150,00 €	575,00 €
AP8		200,00 €			25,00 €	200,00 €		150,00 €	575,00 €
AP9		200,00 €		7.500,00 €	25,00 €	200,00 €		150,00 €	8.075,00 €
AP10		200,00 €			25,00 €	200,00 €		150,00 €	575,00 €
Summe	10.800,00 €	3.500,00 €	8.800,00 €	8.750,00 €	250,00 €	2.000,00 €	8.500,00 €	1.650,00 €	44.250,00 €

Abbildung 12: Tabelle zur Berechnung der Sachkosten der Arbeitspakete

Einmalkosten		Laufende Kosten			
Arbeitspaket-Bezeichnung	Einmalkosten [€]	Arbeitspaket-Bezeichnung	Kosten-bezeichnung	monatliche laufende Kosten [€]	= jährliche laufende Kosten [€]
AP1	11.175,00 €	AP1	Servermiete	39,90 €	478,80 €
AP2	1.125,00 €	AP2			
AP3	2.875,00 €	AP3			
AP4	9.675,00 €	AP4			
AP5	9.025,00 €	AP5	Domain-Miete	1,49 €	17,88 €
AP6	575,00 €	AP6			
AP7	575,00 €	AP6			
AP8	575,00 €	AP6			
AP9	8.075,00 €	AP6			
AP10	575,00 €	AP6			
Summe	44.250,00 €	Summe		41,39 €	496,68 €

Abbildung 13: Übersichtstabellen für Einmal- und laufende Kosten

Verteilung der Kosten auf die Arbeitspakete											
MitarbeiterIn [Funktion]	Arbeitstage geplant	AP1 [€]	AP2 [€]	AP3 [€]	AP4 [€]	AP5 [€]	AP6 [€]	AP7 [€]	AP8 [€]	AP9 [€]	AP10 [€]	Summe
Personalkosten												
Projektleitung	132	6.500,00 €	4.000,00 €	4.500,00 €	6.800,00 €	6.300,00 €	2.000,00 €	5.000,00 €	6.070,00 €	1.000,00 €	2.000,00 €	43.170,00 €
Systemtechnik	21	1.000,00 €	5.000,00 €	146,51 €	0,00 €	0,00 €	0,00 €	0,00 €	0,00 €	0,00 €	0,00 €	6.146,51 €
Rechenzentrum	21	181,27 €	0,00 €	0,00 €	4.000,00 €	0,00 €	1.000,00 €	0,00 €	0,00 €	0,00 €	0,00 €	5.181,27 €
Datenbank-Entwicklung	11	500,00 €	0,00 €	0,00 €	0,00 €	2.637,70 €	0,00 €	0,00 €	0,00 €	0,00 €	0,00 €	3.137,70 €
Webdesign	44	1.000,00 €	0,00 €	0,00 €	0,00 €	0,00 €	0,00 €	5.000,00 €	4.296,00 €	0,00 €	0,00 €	10.296,00 €
Marketing	9	0,00 €	0,00 €	0,00 €	0,00 €	0,00 €	0,00 €	0,00 €	0,00 €	2.097,74 €	0,00 €	2.097,74 €
Verwaltung / Assistenz	132	2.500,00 €	2.400,00 €	2.400,00 €	2.400,00 €	2.400,00 €	2.400,00 €	2.400,00 €	2.400,00 €	2.400,00 €	2.420,00 €	24.120,00 €
Summe	370	11.681,27 €	11.400,00 €	7.046,51 €	13.200,00 €	10.337,70 €	5.400,00 €	12.400,00 €	12.766,00 €	5.497,74 €	4.420,00 €	94.149,22 €
Sachkosten	Einsatztage geplant											
	306	11.175,00 €	1.125,00 €	2.875,00 €	9.675,00 €	9.025,00 €	575,00 €	575,00 €	575,00 €	8.075,00 €	575,00 €	44.250,00 €
GESAMTKOSTEN	676	22.856,27 €	12.525,00 €	9.921,51 €	22.875,00 €	19.362,70 €	5.975,00 €	12.975,00 €	13.341,00 €	13.572,74 €	4.995,00 €	138.399,22 €

Abbildung 14: Ermittlung der Kosten pro Arbeitspaket

3.7.4 Hinweise zur Bedienung der Excel-Vorlagen

Excel-Praxis

Die dargestellten Excel-Sheets stellen einen Basissatz an Tabellen dar, die auf jeden Fall für die ordentliche Kalkulation gefüllt werden müssen. Tragen Sie die entsprechenden Werte ein; die Summen bzw. Teilsummen ergeben sich automatisch.

Die Werte werden zum Teil automatisch (per Verknüpfung, siehe blau unterlegte Felder) zwischen den einzelnen Tabellen übertragen – z. B. gehen die geplanten Arbeitstage aus der Ressourcenübersicht automatisch in die Tabelle zur Ermittlung der Kosten pro Arbeitspaket ein.

Projekt-Tipp

Wenn Sie die oben gezeigten Planungstabellen einmalig für das Projekt gefüllt haben, brauchen Sie im Zweifelsfall – also beispielsweise bei Personalveränderungen oder Kostensteigerungen durch Tariferhöhungen – lediglich die Zahlen zu ändern und haben sofort einen kompletten und aktuellen Überblick über die Planungskosten.

Legen Sie ggf. eine neue Version der jeweiligen Tabelle an, die Sie mit dem aktuellen Datum versehen, und speichern Sie die Vorversion separat ab. So können Sie auch die Historie anhand der gesicherten Dateien nachvollziehen.

Aktueller Projektstand:

Projektphase 5: Die Kosten- und Budgetplanung für das Projekt wurde erstellt. Die Plankosten pro Arbeitspaket wurden ermittelt.

3.7.5 Sonderfall: Budgetplanung in öffentlich geförderten Vorhaben

Hintergründe und Ziele

Förderrichtlinien beachten

Bei der Planung öffentlich geförderter Vorhaben sind immer die Vorgaben der Förderrichtlinien zu beachten. Diese geben oft in detaillierter Untergliederung vor, wie das entsprechende Budget aufgeteilt werden muss.

Eigenanteile und Fördermittel berücksichtigen

Da die in das Vorhaben eingehenden Fördermittel entsprechend geplant und im Controlling berücksichtigt werden müssen, ist es erforderlich, bei den Kostenaufstellungen immer zwischen *Eigen- und Fördermitteln* sowie ggf. vorhandenen *sonstigen Finanzierungsquellen* zu unterscheiden (s. Abb. 15).

Ebenso wird ab und zu genau vorgegeben, in welchen Intervallen Zwischenberichte mit den entsprechenden Mittelabrufen einzureichen sind. Diese sind zwingend einzuhalten, daher sollten Sie die entsprechenden

Termine unbedingt vormerken und den notwendigen Vorlauf für die Vorbereitung einplanen!

Was ist zu tun?

In öffentlich geförderten Vorhaben ist es oft erforderlich, das Projektbudget so genau zu planen, dass bis hin zu Teilbudgets (z. B. für „Personalkostenanteile") eine Verteilung über die gesamte Laufzeit des Projektes vorgenommen werden muss.

Laufzeit berücksichtigen

> **Projekt-Tipp**
>
> Während der Umsetzungszeit des Vorhabens kann – und wird – es jedoch dazu kommen, dass Tranchen eines Jahres nicht komplett ausgeschöpft werden können und – sofern überhaupt möglich – auf Folgejahrestranchen verschoben werden müssen. Im Extremfall kommt es sogar zum Verlust von Fördermitteln, was für ein aufwändiges Projekt oder Teilbereiche davon das „Aus" heißen kann. Versuchen Sie, die entstehenden Risiken zu berücksichtigen!

Beachten Sie immer auch den entstehenden administrativen Aufwand, der durch solche Vorgaben bzw. Konstruktionen entsteht und berücksichtigen Sie diesen in der Personal- und Zeitplanung.

Für Ihre Budgetplanung bedeutet dies, dass Sie zusätzlich zu den Personal- und Sachkosten auch eine Unterteilung nach Projektphasen und Jahrestranchen vornehmen müssen (s. Abb. 16). Damit erhalten Sie einen Gesamtüberblick über die Kosten des Projekts – gerade bei einer Laufzeit von mehr als einem Jahr ist dies besonders wichtig – und Sie haben die Grundlage für die jährliche Haushaltsplanung.

Administrations-kosten im Auge behalten

In der Praxis werden MitarbeiterInnen auch oft mit unterschiedlichen Zeitanteilen in *mehreren Projekten gleichzeitig* eingesetzt. Sofern diese Projekte nicht einzeln verrechnet werden müssen oder gar mit öffentlichen Fördermitteln ausgestattet sind, ist dies kein großes Problem.

Vorsicht Falle:

Wenn jedoch eine projektgenaue Abrechnung der Ressourcen erfolgen muss, beispielsweise um die entsprechenden Fördermittel für Personal- und / oder Sachkosten abrufen zu können, können Sie in eine gefährliche Falle laufen:

In einigen Projekten ist es erforderlich, das eingesetzte Personal auch namentlich zu benennen, die entsprechenden Qualifikationen nachzuweisen und die Zeit- und Kostenanteile am Projekt zu definieren. Die Mittelgeber sind dann genau informiert, wer wie viel zu leisten hat und was dies kostet. Sind die betroffenen MitarbeiterInnen jedoch mit weiteren Zeitanteilen gleichzeitig in zusätzlichen Projekten eingebunden, benötigen Sie zwingend eine *zentrale Überwachung der gesamten Zeit- und Kostenanteile.* Ansonsten kann es passieren, dass MitarbeiterInnen zu mehr als

100 % ausgelastet sind – und somit auch mehr Fördermittel als zulässig abgerufen werden; was wiederum üble Folgen haben kann.

Erstellen Sie daher eine entsprechende Übersichtstabelle, die von der zentralen Projektüberwachung gepflegt wird (s. Abb. 17).

Bindungs-zeiträume beachten

Achten Sie auch darauf, den Zeitraum der Einbindung zu berücksichtigen. Bei zeitlich begrenzten Einsätzen im Projekt kann es sinnvoll sein, die Einbindung auf Monats- oder sogar Wochenebene darzustellen (s. Abb. 18).

Insgesamt kann die Erstellung der für die Beantragung öffentlicher Fördermittel notwendigen Kalkulationen und Übersichtstabellen recht komplex werden, besonders, da Teil- und Gesamtsummen der verschiedenen Darstellungen insgesamt immer wieder aufgehen müssen.

Planen Sie also auch den entsprechenden Zeit- und Personalbedarf für die Projektkalkulation ein.

Excel-Muster zur Budgetplanung in öffentlich geförderten Vorhaben

Es für diese Budgetplanung stehen Ihnen vier Excel-Vorlage zur Verfügung:

Excel-Mustervorlage auf Ihrer CD-ROM zum Buch:

PM > I-9 Eigen-Fördermittel

PM > I-10 Projektkosten nach Jahren

PM > I-11 Personal-Einbindung

PM > I-12 Mitarbeiter-Einbindung

PERSONALKOSTEN: Eigenmittel und Fördermittel

Mitarbeiterin [Funktion]	Gesamtkosten [€]	Eigenmittel [€]	andere Drittmittel [€]	Fördermittel (Fördersatz 50%) [€]	Kontrollsumme [€]
Projektleitung	43.170,00 €	20.000,00 €	1.585,00 €	21.585,00 €	43.170,00 €
Systemtechnik	6.146,51 €	2.500,00 €	573,25 €	3.073,25 €	6.146,51 €
Rechenzentrum	5.181,27 €	1.000,00 €	1.590,64 €	2.590,64 €	5.181,27 €
Datenbank-Entwicklung	3.137,70 €	500,00 €	1.068,85 €	1.568,85 €	3.137,70 €
Webdesign	10.296,00 €	5.000,00 €	148,00 €	5.148,00 €	10.296,00 €
Marketing	2.097,74 €	500,00 €	548,87 €	1.048,87 €	2.097,74 €
Verwaltung / Assistenz	24.120,00 €	10.000,00 €	2.060,00 €	12.060,00 €	24.120,00 €
Summe	94.149,22 €	39.500,00 €	7.574,61 €	47.074,61 €	94.149,22 €

SACHKOSTEN: Eigenmittel und Fördermittel

Arbeitspaket-Bezeichnung	Gesamtkosten [€]	Eigenmittel [€]	andere Drittmittel [€]	Fördermittel (Fördersatz 50%) [€]	Kontrollsumme [€]
AP1	11.175,00 €	5.000,00 €	587,50 €	5.587,50 €	11.175,00 €
AP2	1.125,00 €	400,00 €	162,50 €	562,50 €	1.125,00 €
AP3	2.875,00 €	1.200,00 €	237,50 €	1.437,50 €	2.875,00 €
AP4	9.675,00 €	200,00 €	4.637,50 €	4.837,50 €	9.675,00 €
AP5	9.025,00 €	3.000,00 €	1.512,50 €	4.512,50 €	9.025,00 €
AP6	575,00 €	200,00 €	87,50 €	287,50 €	575,00 €
AP7	575,00 €	200,00 €	87,50 €	287,50 €	575,00 €
AP8	575,00 €	200,00 €	87,50 €	287,50 €	575,00 €
AP9	8.075,00 €	2.500,00 €	1.537,50 €	4.037,50 €	8.075,00 €
AP10	575,00 €	200,00 €	87,50 €	287,50 €	575,00 €
Summe	44.250,00 €	13.100,00 €	9.025,00 €	22.125,00 €	44.250,00 €

PERSONALKOSTEN: Verteilung auf die Arbeitspakete

Mitarbeiterin [Funktion]	AP1 [€]	AP2 [€]	AP3 [€]	AP4 [€]	AP5 [€]	AP6 [€]	AP7 [€]	AP8 [€]	AP9 [€]	AP10 [€]	Summe [€]
Projektleitung	6.500,00 €	4.000,00 €	4.500,00 €	6.800,00 €	5.300,00 €	2.000,00 €	5.000,00 €	6.070,00 €	1.000,00 €	2.000,00 €	43.170,00 €
Systemtechnik	1.000,00 €	5.000,00 €	146,51 €	0,00 €	0,00 €	1.000,00 €	0,00 €	0,00 €	0,00 €	0,00 €	6.146,51 €
Rechenzentrum	181,27 €	0,00 €	0,00 €	4.000,00 €	0,00 €	0,00 €	0,00 €	0,00 €	0,00 €	0,00 €	5.181,27 €
Datenbank-Entwicklung	500,00 €	0,00 €	0,00 €	0,00 €	2.637,70 €	0,00 €	0,00 €	0,00 €	0,00 €	0,00 €	3.137,70 €
Webdesign	1.000,00 €	0,00 €	0,00 €	0,00 €	0,00 €	0,00 €	5.000,00 €	4.296,00 €	0,00 €	0,00 €	10.296,00 €
Marketing	0,00 €	0,00 €	0,00 €	0,00 €	0,00 €	0,00 €	0,00 €	0,00 €	2.097,74 €	0,00 €	2.097,74 €
Verwaltung / Assistenz	2.500,00 €	2.400,00 €	2.400,00 €	2.400,00 €	2.400,00 €	2.400,00 €	2.400,00 €	2.400,00 €	2.400,00 €	2.420,00 €	24.120,00 €
Summe	11.681,27 €	11.400,00 €	7.046,51 €	13.200,00 €	10.337,70 €	5.400,00 €	12.400,00 €	12.766,00 €	5.497,74 €	4.420,00 €	94.149,22 €

Abbildung 15: Finanzplanung mit Unterscheidung zwischen Eigen- und Fördermitteln

Kosten nach Projektjahren / Jahrestranchen

	Jan-Dez Projektjahr 1 [€]	Jan-Dez Projektjahr 2 [€]	Jan-Jun Projektjahr 3 [€]	Gesamtkosten [€]
Personalkosten	94.149,22 €	94.149,22 €	47.074,61 €	235.373,05 €
Sachkosten	44.250,00 €	44.250,00 €	22.125,00 €	110.625,00 €
Summe	138.399,22 €	138.399,22 €	69.199,61 €	345.998,05 €

Abbildung 16: Projektkosten nach Jahren/Jahrestranchen

PERSONALEINBINDUNG IN PROJEKTE							
MitarbeiterIn [Funktion]	Einbindungsjahr von	Einbindungsjahr bis	Anteil Projekt 1 [%]	Anteil Projekt 2 [%]	Anteil Projekt 3 [%]	Anteil Projekt 4 [%]	Anteile gesamt [%]
Projektleitung	2010	2010	100%				100%
Systemtechnik	2010	2010	50%	25%	10%		85%
Rechenzentrum	2010	2010	25%			25%	50%
Datenbank-Entwicklung	2010	2010	100%				100%
Webdesign 1	2010	2010	100%				100%
Webdesign 2	2010	2010	50%		50%		100%
Marketing	2010	2010	25%		25%	25%	75%
Verwaltung / Assistenz	2010	2010	100%				100%
Summe							

Abbildung 17: Übersicht über die Mitarbeiter-Einbindung über mehrere Projekte

PERSONALEINBINDUNG IN PROJEKTE	Jahr: 2010												
MitarbeiterIn [Funktion / Name]		Jan	Feb	Mrz	Apr	Mai	Jun	Jul	Aug	Sep	Okt	Nov	Dez
Projektleitung	Projekt 1 [%]	100	100	100	100	100	100	100	100	100	100	100	100
	Projekt 2 [%]												
	Projekt 3 [%]												
	Projekt 4 [%]												
	Anteile gesamt [%]	100	100	100	100	100	100	100	100	100	100	100	100
Systemtechnik	Projekt 1 [%]	50	50	50	50	50	50	50	50	50	50	50	50
	Projekt 2 [%]	25	25	25	25	25	25	25	25				
	Projekt 3 [%]	10	10	10	10								
	Projekt 4 [%]												
	Anteile gesamt [%]	85	85	85	85	75	75	75	75	50	50	50	50
Rechenzentrum	Projekt 1 [%]	25	25	25	25	25	25	25	25	25	25	25	25
	Projekt 2 [%]												
	Projekt 3 [%]												
	Projekt 4 [%]	25	25	25									
	Anteile gesamt [%]	50	50	50	25	25	25	25	25	25	25	25	25
Datenbank-Entwicklung	Projekt 1 [%]	100	100	100	100	100	100	100	100	100	100	100	100
	Projekt 2 [%]												
	Projekt 3 [%]												
	Projekt 4 [%]												
	Anteile gesamt [%]	100	100	100	100	100	100	100	100	100	100	100	100
Webdesign 1	Projekt 1 [%]	100	100	100	100	100	100	100	100	100	100	100	100
	Projekt 2 [%]												
	Projekt 3 [%]												
	Projekt 4 [%]												
	Anteile gesamt [%]	100	100	100	100	100	100	100	100	100	100	100	100
Webdesign 2	Projekt 1 [%]	50	50	50	50	50	50	50	50	50	50	50	50
	Projekt 2 [%]												
	Projekt 3 [%]	50	50	50	50	50	50	50	50	50			
	Projekt 4 [%]												
	Anteile gesamt [%]	100	100	100	100	100	100	100	100	100	50	50	50
Marketing	Projekt 1 [%]	25	25	25	25	25	25	25	25	25	25	25	25
	Projekt 2 [%]												
	Projekt 3 [%]	25	25	25	25	25	25						
	Projekt 4 [%]	25	25	25	25	25	25	25	25	25			
	Anteile gesamt [%]	75	75	75	75	75	75	50	50	50	25	25	25
Verwaltung / Assistenz	Projekt 1 [%]	100	100	100	100	100	100	100	100	100	100	100	100
	Projekt 2 [%]												
	Projekt 3 [%]												
	Projekt 4 [%]												
	Anteile gesamt [%]	100	100	100	100	100	100	100	100	100	100	100	100

Abbildung 18: Übersicht über die Mitarbeiter-Einbindung über mehrere Projekte auf Monatsebene

Hinweise zur Bedienung der Excel-Muster

Die Mustertabellen übernehmen per Verknüpfung automatisch diejeni- **Excel-Praxis**
gen Werte, die bereits zuvor in anderen Tabellenblättern ermittelt wurden (siehe blau unterlegte Felder). So wird die manuelle Übertragung
bzw. Doppelerfassung vermieden.

Diejenigen Datenfelder, die Sie ändern müssen, sind in der Excel-Tabelle
grün hinterlegt. Geben Sie einfach die Daten ein.

Passen Sie die Tabellen soweit an, dass sie Ihren Anforderungen entspre- **Tabellen**
chen. Durch Kopieren und Einfügen von Zeilen oder Spalten können Sie **anpassen**
dies leicht durchführen. Prüfen Sie ggf. die Formeln bzw. übertragen Sie
diese in die neuen Zellen und achten Sie auf die Verknüpfungen.

> **Aktueller Projektstand:**
> *Projektphase 5:* Eine Gesamtübersicht über die zeitliche Einbindung der Projekt-
> mitarbeiterInnen wurde erstellt.

3.8 Aufgaben- und Zeitfeinplanung: Wer macht was bis wann?

3.8.1 Hintergründe und Ziele

Wenn Sie die Ziele kennen, die groben Aufgabenbereiche geplant haben **Zeit-**
und die Größenordnungen der notwendigen Ressourcen bestimmt ha- **aufwand**
ben, kommt die *Zeitplanung* ins Spiel: **im Blick**

Für jedes Arbeitspaket haben Sie zwar bereits den notwendigen Zeitbedarf geplant, aber Sie haben weder über den insgesamt notwendigen
Zeitaufwand noch über die *Verteilung der Zeitanteile während der Projektlaufzeit* einen kompletten Überblick.

Dabei ist gerade die *Verteilung der Zeitanteile während der Projektlaufzeit* **Zeitanteile**
von entscheidender Bedeutung für jedes Projekt, da die einzelnen Ar- **verteilen**
beitspakete und deren Abfolge einerseits die Zeitspanne bis zur Fertigstellung bestimmt und andererseits den Kostenrahmen beeinflusst.
Außerdem begleitet Sie die Zeitplanung bzw. deren Überwachung über
die gesamte Projektlaufzeit. Was Sie in der Planungsphase versäumen,
holt Sie später wieder ein!

Jetzt geht es darum, aus den Beschreibungen der einzelnen Arbeitspakete
den Projektablaufplan zu erstellen – eine *Übersicht über die Arbeitspakete,
die Teilaufgaben und deren zeitliche Einordnung*. Dabei müssen Sie dafür sorgen, das Gesamtprojekt transparent darzustellen und die Teilprojekte mit
ihren zugeordneten Arbeitspaketen zeitlich einzuordnen.

Dafür wird üblicherweise eine *Darstellung nach Kalendertagen oder Kalen-
dermonaten* gewählt. Sie erhalten eine genaue Darstellung, in welcher Rei-

henfolge und innerhalb welcher kalendarisch zugeordneten Zeiträume die Arbeitspakete abgearbeitet bzw. fertig gestellt werden sollen. Auch zeitliche Abhängigkeiten zwischen Arbeitspaketen oder Teilaufgaben können Sie so berücksichtigen.

Balkenpläne für Transparenz

Für die Feinplanung von Aufgaben und Umsetzungszeit bietet sich die Nutzung von *Balkenplänen* an. Oftmals werden in der Projektarbeit auch die Begriffe „Projektstrukturplan (PSP)" und „Netzplan" verwendet. Erläuterungen dazu finden Sie im Anhang 2 (s. Kapitel 8.2 „Erläuterungen zu Fachbegriffen"). Excel als Tabellenkalkulationsprogramm ist für die Darstellung dieser beiden Ansätze weniger gut geeignet.

Excel als Projektmanagement-Werkzeug bietet zwar eigentlich keine Basisfunktionen für die Erstellung von Projektmanagement-Balkenplänen an, es stellt aber durch seine umfangreiche Funktionsausstattung Möglichkeiten bereit, auf relativ einfache Weise *Balkenpläne* zu erzeugen.

Der *Balkenplan* (auch „*Gantt-Diagramm*" genannt, s. Abb. 20) stellt alle Termine bzw. Zeiträume mit horizontalen Balken dar, die den jeweiligen Teilaufgaben bzw. Arbeitspaketen zugeordnet sind. Bei jeder Aufgabe sind Start- und Enddatum eingetragen, und die Software errechnet daraus die Dauer des jeweiligen Arbeitspakets und verknüpft diese miteinander. Der große Vorteil eines Balkenplans ist, dass er sehr übersichtlich ist, die wichtigsten Projektinformationen auf einen Blick wiedergibt (u. a. Aufgabenname, Start- und Endedatum, Zeitdauer, Ressourcenname) und durchaus auch mit Werkzeugen wie MS Excel erstellt werden kann. Auch der „kritische Pfad", also Aufgaben, die keinen zeitlichen Puffer besitzen, kann damit gut dargestellt werden.

Exkurs: Der kritische Pfad

Der kritische Pfad ist definiert als die Verkettung derjenigen Vorgänge, bei deren zeitlicher Änderung sich der Endtermin des Projektes verschiebt. Er wird in einem Projektplan durch diejenige Kette von Einzel-Aktivitäten bestimmt, welche in der Summe die längste Dauer aufweist. Die Aktivitäten, die auf dem kritischen Pfad liegen, bestimmen die Gesamtprojektdauer und stehen damit unter besonderer Beachtung der Projektleitung. Alle anderen Aktivitäten können im Rahmen ihrer Pufferzeit zeitlich verschoben oder verlängert werden, ohne die Gesamtprojektdauer zu verändern.

Im folgenden Abschnitt lernen Sie die Excel-Werkzeuge kennen, die Sie anwenden können; darüber hinaus zeigen Ihnen die Schritt-für-Schritt-Anleitungen, wie Sie mit Excel Balkenpläne bzw. Gantt-Diagramme erstellen.

3.8.2 Was ist zu tun?

Gehen Sie wie folgt vor:

Acht
Schritte

- Nehmen Sie sich alle Arbeitspakete bzw. Einzelaufgaben vor. Schätzen Sie, *innerhalb welches Zeitraums* (Kalender!) die Aufgabe voraussichtlich erledigt werden kann bzw. muss.

- Prüfen Sie, ob es in der Projektgenehmigung einen festen Endtermin gibt – ggf. auch für einzelne Teilbereiche, und welche sonstigen Stichzeitpunkte gesetzt wurden. Berücksichtigen Sie diese in Ihrer Planung und markieren Sie die Zeitpunkte als fix!

- Ordnen Sie die Aufgabenstellungen aufsteigend nach Datum bzw. Monat; berücksichtigen Sie dabei die jeweiligen Funktionen der beteiligten MitarbeiterInnen – die Projektleitung ist natürlich über die gesamte Laufzeit einzubinden.

Aufgaben
zeitlich
ordnen

Praxis-Hinweis

Vermeiden Sie eine wichtige *Planungsfalle*, wenn Sie die Teilaufwände einschätzen: Achten Sie unbedingt darauf, dass jede Teilaufgabe abgestimmt wurde und auch tatsächlich durch die dafür vorgesehenen Beteiligten durchgeführt wird. Ansonsten kommen Sie sehr schnell in die Situation, dass eine andere beteiligte Abteilung zu Ihnen sagt: „Dann erledigen Sie das mal in der geschätzten Zeit. Wir benötigen dazu viel länger!".

- Planen Sie auch Reservezeiten ein! Je nach Aufgabenstellung können Sie dafür z. B. prozentuale Aufschläge verwenden oder aufgrund Ihrer persönlichen Erfahrungen die Zeiten entsprechend ausdehnen.

- Vergessen Sie nicht, Urlaubs- und Krankheitstage einzuplanen. Diese können sonst ein Vorhaben sehr schnell ins Wanken bringen bzw. unangenehme Verzögerungen bewirken, die zu vermeiden gewesen wären.

- Erfassen Sie alle Arbeitspakete, Start- und Endedaten bzw. die sich ergebende Dauer in Tagen in einer Excel-Tabelle (s. Excel-Mustervorlage unter **PM > I-4b Zeitplanung Excel-Balkenpl** und Kapitel 3.8.4 „Excel-Muster „Gantt-Balkendiagramm").

- Ergeben sich zwischen aufeinander folgenden Vorgängen zeitliche Abhängigkeiten (z. B. „Arbeitspaket AP4 kann erst nach dem Ende von AP3 starten"), so können Sie dies direkt in der Excel-Tabelle als Formel eingeben, indem Sie als Startdatum von AP2 (hier: Feld C6 im Excel-Muster **I-4b Zeitplanung Excel-Balkenpl**) eingeben: =E5+1. E5 ist das Endedatum von AP3.

Abhängig-
keiten
berück-
sichtigen

- Legen Sie „Meilensteine" fest. Diese schließen Teilbereiche des Projekts ab und markieren wichtige Zeitpunkte in der Gesamtumsetzung.

Praxis-Hinweis

Für eine erste Planung der zeitlichen Reihenfolge der Teilaufgaben kann es sinnvoll sein, diese zunächst auf einem Whiteboard per Hand zu skizzieren oder auch Haftnotizen zu verwenden, die Sie schnell in die gewünschte Reihenfolge bringen können. Auf dieser Grundlage kann bei *großen* Projekten auch die Übertragung in ein „echtes" Projektplanungstool erfolgen.

Nach diesen Schritten haben Sie einen recht guten Zeit-Überblick, welche groben Aufgaben bis wann zu erledigen sind.

3.8.3 Excel-Muster „Einfacher Balkenplan"

Bei kleinen Projekten mit wenigen Teilaufgaben und einer geringen Zahl an Projektbeteiligten bietet sich ein „einfacher Balkenplan" an (s. Abb. 19).

Excel-Mustervorlage auf Ihrer CD-ROM zum Buch:

PM > I-4a einfache Zeitplanung

Abbildung 19: Beispiel eines einfachen Balkenplans

Balken-plan: einfache Variante

In der einfachen Excel-Musterlösung (s. Abb. 19) müssen Sie lediglich per Hand die Arbeitspakete erfassen und Start- bzw. Endedatum eintragen. Die farbigen Balken können Sie durch Hinterlegung einer Farbe in der entsprechenden Zelle per Hand erzeugen (Excel-Funktion „Füllfarbe").

Dies bietet sich an, wenn Sie nur wenige, überschaubare Aktivitäten darstellen wollen. Der Nachteil ist, dass Sie jede Änderung ebenfalls per Hand durchführen müssen. Für umfangreiche Vorhaben ist diese Methode daher nicht geeignet.

Am besten für kleine und mittlere Projekte geeignet ist ein Balkenplan in Form eines **Gantt-Diagramms**.

Gantt-Diagramm:

Ein Gantt-Diagramm oder Balkenplan ist ein nach dem Unternehmensberater Henry L. Gantt (1861–1919) benanntes Instrument des Projektmanagements. Dieses stellt die zeitliche Abfolge von Aktivitäten in Form von Balken auf einer Zeitachse in grafischer Form dar. Die außerhalb des zeitlichen Zusammenhangs möglichen Abhängigkeiten zwischen den Aktivitäten sind damit allerdings kaum darstellbar.

Leider bietet Excel keine Grundfunktion, mit der sich ein Gantt-Diagramm direkt erstellen und pflegen ließe. Sie können jedoch einen relativ einfachen „Umweg" nutzen und so ein *„Gantt-Diagramm"*, also eine Darstellung anhand von Zeitbalken, zu „simulieren".

So geht's in Excel:

Dies bedeutet, dass Sie damit Zeitbalken erhalten, die fast genauso aussehen wie in einem professionellen Projektplanungs-Werkzeug: Dazu verwenden Sie die Diagrammfunktion und fügen ein **2D-Balkendiagramm** in der Form **gestapelter Balken** ein.

3.8.4 Excel-Muster „Gantt-Balkendiagramm"

Wechseln Sie im Excel-Tool **PM** auf das Excel-Sheet für das Gantt-Diagramm (s. Abb. 20).

Excel-Mustervorlage auf Ihrer CD-ROM zum Buch:

PM > I-4b Zeitplanung Excel-Balkenpl

So legen Sie ein Gantt-Diagramm in Excel an:

Gantt-Diagramm anlegen

1. Erfassen Sie die Arbeitspakete mit den zugehörigen Beginn- und Endedaten. Die zeitliche Dauer der Arbeitspakete rechnet das Excel-Arbeitsblatt automatisch aus.

2. Bestehen zwischen den Arbeitspaketen zeitliche Abhängigkeiten („AP4 darf erst nach dem Ende von AP3 beginnen"), so können Sie dies mit einem einfachen Excel-Trick berücksichtigen: Geben Sie anstelle eines festen Datums eine Formel in das Datumsfeld ein. Beispiel: Wenn Feld C6 die Formel =E5+1 enthält, bedeutet dies: Addiere zum per Hand erfassten Datum in Feld E5 einen Tag hinzu. Damit ändert sich das Datum in Abhängigkeit des Datums in Feld E5.

3. Aktivieren Sie auf der Registerkarte **Einfügen** in der Gruppe **Diagramme** den Eintrag **Balken**.

4. Wählen Sie unter **2D-Balken** die Option **Gestapelte Balken**. Es erscheint eine leere Diagrammfläche. Zusätzlich werden die **Diagrammtools** mit den Registerkarten **Entwurf, Layout** und **Format** eingeblendet.

5. Klicken Sie in den **Diagrammtools** auf der Registerkarte **Entwurf** in der Gruppe **Daten** auf die Schaltfläche **Daten auswählen**. Es öffnet sich das Fenster **Datenquelle auswählen**.

6. Markieren Sie in Ihrer Datentabelle die Datenbereiche **Arbeitspaket [Bezeichnung]** und **Beginn [Datum]** inklusive der Überschriften (in der Muster-Tabelle also die Felder B2:C12).

7. Bestätigen Sie mit **OK**. Ein Diagramm wird eingeblendet.

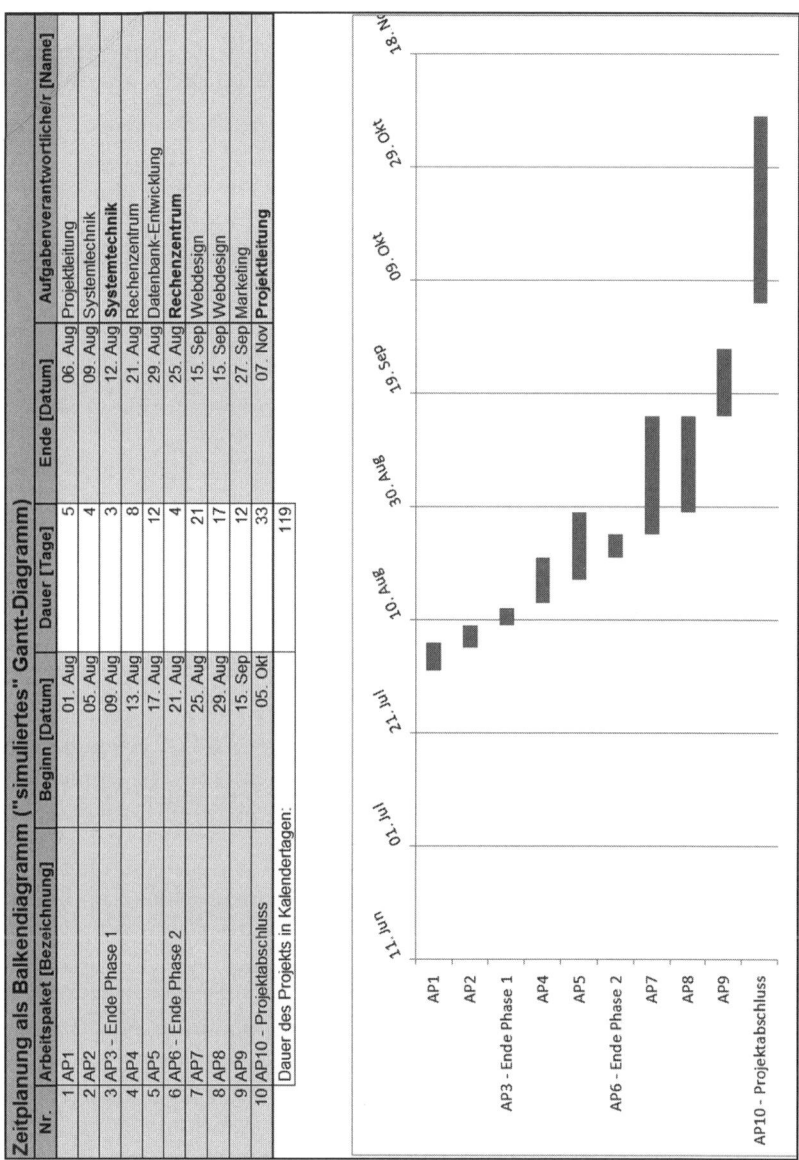

Zeitplanung als Balkendiagramm ("simuliertes" Gantt-Diagramm)					
Nr.	Arbeitspaket [Bezeichnung]	Beginn [Datum]	Dauer [Tage]	Ende [Datum]	Aufgabenverantwortliche/r [Name]
1	AP1	01. Aug	5	06. Aug	Projektleitung
2	AP2	05. Aug	4	09. Aug	Systemtechnik
3	AP3 - Ende Phase 1	09. Aug	3	12. Aug	**Systemtechnik**
4	AP4	13. Aug	8	21. Aug	Rechenzentrum
5	AP5	17. Aug	12	29. Aug	Datenbank-Entwicklung
6	AP6 - Ende Phase 2	21. Aug	4	25. Aug	**Rechenzentrum**
7	AP7	25. Aug	21	15. Sep	Webdesign
8	AP8	29. Aug	17	15. Sep	Webdesign
9	AP9	15. Sep	12	27. Sep	Marketing
10	AP10 - Projektabschluss	05. Okt	33	07. Nov	**Projektleitung**
	Dauer des Projekts in Kalendertagen:		119		

Abbildung 20: Beispiel eines mit Excel erzeugten Gantt-Balkenplans

8. Öffnen Sie unter den **Diagrammtools** die Registerkarte **Entwurf** und wählen Sie erneut aus der Gruppe **Daten** die Schaltfläche **Daten auswählen**; das Fenster **Datenquelle auswählen** wird angezeigt.

9. Hier bestätigen Sie **Hinzufügen**. Das Dialogfenster **Datenreihe bearbeiten** öffnet sich. Der Cursor steht im Feld **Reihenname**.

10. Klicken Sie die Spaltenüberschrift **Dauer [Tage]** an (Feld D2).

11. Im Fenster **Datenreihe bearbeiten** gehen Sie ins Feld **Reihenwerte**, und löschen den vorhandenen Inhalt komplett.

12. Danach markieren Sie bei gedrückter Hochstelltaste (Shift-Taste) die Datenfelder der Spalte **Dauer** (Felder D3:D12).

13. Bestätigen Sie mit **OK** – auch im folgenden Fenster.

In den folgenden Schritten formatieren Sie das Diagramm, Sie passen also die Darstellung so an, dass ein „echtes" Gantt-Diagramm entsteht:

1. Aktivieren Sie im Diagramm die **erste Datenreihe** (Beginn [**Datum**]), oder wählen Sie diese aus der Liste der Diagrammelemente aus (**Diagrammtools** > Registerkarte **Format** > Gruppe **Aktuelle Auswahl** > Feld **Diagrammelemente**). Die farbigen Balken werden markiert.

2. Holen Sie unter den **Diagrammtools** die Registerkarte **Format** nach vorne. In der Gruppe **Aktuelle Auswahl** gehen Sie auf **Auswahl formatieren**; sofort öffnet sich das Fenster **Datenreihen formatieren**.

3. Wählen Sie in der Navigationsleiste des Dialogfensters den Eintrag **Füllung**, und kennzeichnen Sie im rechten Fensterbereich die Option **Keine Füllung**.

4. Blenden Sie das Dialogfenster über die Schaltfläche **Schließen** wieder aus.

5. Klicken Sie im Diagramm auf die Legende, und betätigen Sie die Entf-Taste auf Ihrer Tastatur.

6. Aktivieren Sie die vertikale Achse (Rubrik) oder wählen Sie diese aus einer Liste von Diagrammelementen aus – hierzu gehen Sie über die **Diagrammtools** > Registerkarte **Format** > Gruppe **Aktuelle Auswahl** > Feld **Diagrammelemente**).

7. Drücken Sie unter den **Diagrammtools** > Registerkarte **Format** > Gruppe **Aktuelle Auswahl** die Schaltfläche **Auswahl formatieren**, es öffnet sich das Dialogfenster **Achse formatieren**.

8. Kennzeichnen Sie unter **Achsenoptionen** das Kontrollkästchen **Kategorien in umgekehrter Reihenfolge**, und blenden Sie das Fenster über **Schließen** wieder weg.

9. Wenn sich die Schrift auf der horizontalen Achse überschneidet, können Sie diese leicht schrägstellen, um die Lesbarkeit zu verbessern: Markieren Sie hierzu die **horizontale Achse** im Diagramm.

10. Gehen Sie wieder den Weg über die **Diagrammtools** > Registerkarte **Format**. In der Gruppe **Aktuelle Auswahl** wählen Sie **Auswahl formatieren**. Das gleichnamige Fenster wird eingeblendet.

11. Aktivieren Sie in der Navigationsleiste den Eintrag **Ausrichtung** und ändern Sie bei **Benutzerdefinierter Winkel** über den Stellgrößenpfeil nach unten den Winkelwert, bis die Achsenbeschriftung den gewünschten Winkel erreicht hat.

12. Beenden Sie Ihre Einstellungen über **Schließen**.

3.8.5 Ergänzende Informationen

Diese Lösung entspricht einem groben Balkenplan, wie er auch in extra dafür geschaffener Projektplanungssoftware zur Verfügung steht. Für die meisten kleineren bis mittleren Projekte reicht die hier vorgestellte Excel-Lösung vollkommen zur Planung aus.

Das vorgestellte Tabellenmuster können Sie auch während der Umsetzungsphase für die ständige Kontrolle des Projektfortschritts verwenden („Soll-/Ist-Vergleich" bzw. „Wo stehen wir?") – weitere Erläuterungen zur Vorgehensweise lesen Sie in Kapitel 5.1 „Projektfortschrittskontrolle". Dazu können Sie auch noch ergänzende Informationen wie die Namen der Teilprojekt- bzw. Arbeitspaket-Verantwortlichen hinzufügen.

Für die Planung großer Projekte können Sie anstelle von Excel auch auf spezialisierte Projektplanungssoftware zurückgreifen. Diese steht ggf. auch kostenlos zur Verfügung – weitere Informationen hierzu finden Sie im Anhang 8.1 „Links").

Ganz einfache Balkendarstellungen erzeugen Sie auch über die *Bedingte Formatierung* von Excel:

Die Länge des Datenbalkens stellt dabei den Wert in der Zelle dar: Ein längerer Datenbalken zeigt einen höheren Wert an, ein kürzerer Datenbalken einen kleineren Wert. Wenn Sie also beispielsweise die Zeitdauer für ein Arbeitspaket in Tagen errechnen, können Sie auf dieser Basis Balken automatisch erzeugen lassen:

So geht's:

1. Markieren Sie die entsprechende Datenreihe.
2. Aktivieren Sie im Register **Start** unter der Rubrik **Formatvorlagen** die Schaltfläche **Bedingte Formatierung**.
3. Gehen Sie auf den Eintrag **Datenbalken** und wählen Sie in den zusätzlich angezeigten Darstellungen die gewünschte mit einem Klick aus.
4. Das Ergebnis wird Ihnen sofort angezeigt.

3.9 Sonderfall: Zeitplanung in öffentlich geförderten Vorhaben

3.9.1 Hintergründe und Ziele

In öffentlich geförderten Vorhaben wird im Regelfall bereits bei der Beantragung des Projekts die exakte Laufzeit festgelegt – und zwar bis hin zum Datum des letzten Projekttages.

Auf dieser Basis wird die Bewilligung des Vorhabens erstellt, und die Projektlaufzeit wird mit genauen Datumsangaben mitgeteilt. Von diesen Angaben darf nicht abgewichen werden – das Vorhaben *muss* innerhalb der bewilligten Laufzeit umgesetzt werden. Dabei werden Zeitpunkte für

Mittelabrufe bzw. (Zwischen-)Berichte festgelegt, die zwingend einzuhalten sind.

3.9.2 Was ist zu tun?

Die folgenden Arbeitsschritte sind durchzuführen:

- Planen Sie Berichts- bzw. Mittelabrufzeitpunkte als feste Größen ein.
- Legen Sie dabei fest, wann mit der Erarbeitung der entsprechenden Berichte bzw. Abrufe begonnen werden muss. Denken Sie in diesem Zusammenhang an die rechtzeitige Zusammenstellung und Bereitstellung der finanziellen (Verbrauchs-)Zahlen.

  Mittelabrufe und Berichte einplanen

- Sollte eine Überschreitung der Projektlaufzeit erkennbar sein, müssen Sie durch entsprechende Mitteilungen an die Mittelgeber schnellstmöglich reagieren. Der Verlust von Fördermitteln droht – ggf. kann die Beantragung einer Projektverlängerung helfen. Sie sollten aber versuchen, diesen Fall möglichst zu vermeiden!

> **Aktueller Projektstand:**
> *Projektphase 5:* Es wurde eine Planung aufgestellt „Wer macht was bis wann?"
> Ein Gantt-Balkenplan wurde erstellt.

3.10 Feinkonzept erstellen

3.10.1 Hintergründe und Ziele

Nach dem Pflichtenheft und der Termin- und Kostenplanung folgt die Beschreibung im Detail, also die Erstellung des Feinkonzeptes. In der Praxis enthält das Pflichtenheft oft bereits so viele Details, dass es als Grob- oder sogar auch als Feinkonzept verwendet werden kann. Andernfalls müssen Sie ein entsprechendes Dokument erstellen und pflegen.

In dieser Phase geht es darum, die Lösung des Problems mit den Beteiligten zu diskutieren, das Machbare herauszufinden und exakt schriftlich festzuhalten. Das Feinkonzept beschreibt dabei auch die letzte Kleinigkeit, also z. B. im IT-Bereich Schnittstellen inklusive aller Felder und Datenformate, Abläufe und Zugriffsmechanismen.

Im Feinkonzept beleuchten Sie anhand der Aufgaben- bzw. Problembeschreibung also auch die Einzelaufgaben, sowohl von der Anwender- als auch von der Realisierungsseite. Auf der untersten Ebene werden in dieser Phase auch die Teilprobleme dargestellt und gelöst.

Einzelaufgaben genau beschreiben

3.10.2 Was ist zu tun?

Ihre Aufgaben sind:

- Administrative Aufgaben, also z. B. die Erstellung des Projektplanes (siehe Beispiel in Abb. 20), d. h. die Einplanung der Aufgaben, Termine und Ressourcen sowie die Budgetfeinplanung und die Schaffung von Kontrollmechanismen für die Budgetüberwachung fallen ebenfalls in diese Phase. Die Erstellung des Feinkonzeptes läuft also parallel zur Projektplanung und lässt sich nicht vollständig abkoppeln.
- Denken Sie auch daran, Leerlaufzeiten und Engpässe nach Möglichkeit im Rahmen der Feinkonzeption und der zugehörigen Zeitplanung zu identifizieren. Sie können daraufhin die Personalplanung bzw. den Personalbedarf entsprechend anpassen oder so steuern, dass in Leerlaufzeiten, die z. B. durch ausstehende Entscheidungen oder personelle Engpässe entstehen, administrative Aufgaben erledigt werden. Diese dürfen Sie nicht vergessen und müssen Sie ebenfalls berücksichtigen.

Projekt-Tipp

Stimmen Sie das Feinkonzept bzw. das Pflichtenheft mit den Betroffenen, also den Auftraggebern, ab! Stellen Sie dabei auch Teilbeschreibungen zur Diskussion und fragen Sie nach, ob die Angaben so in Ordnung sind und ob irgendetwas dagegen spricht, das Konzept in der Art, in der Sie es beschrieben haben, umzusetzen.

Lassen Sie sich die Abstimmungsaussagen schriftlich geben oder halten Sie diese anhand von Protokollen fest. Achten Sie darauf, sämtliche kritischen Punkte und Anmerkungen zu erfassen, damit Sie nicht in die Lage gedrängt werden, später sagen zu müssen, dass ein Punkt zwar erwähnt wurde, jedoch „irgendwie" untergegangen ist.

Unterschätzen Sie auch die Zeitdauer dieser Phase nicht! Wenn Sie allein daran denken, was Sie alles aufschreiben und darstellen müssen, können Sie schnell erkennen, wie lange allein diese „Handarbeit" dauert.

Risiken erläutern

- Im Rahmen der Feinkonzeption besteht auch die Notwendigkeit, Projektrisiken zu identifizieren und abzuwägen. Sie können sich dafür an den im Folgenden beschriebenen „Risikokategorien" orientieren.

3.10.3 Projektrisiken identifizieren

Drei Risikobereiche

In Projekten gibt es drei wesentliche Risikobereiche, die allerdings gerade in technisch orientierten Vorhaben so miteinander verknüpft sind, dass ein Risiko nicht ohne die anderen beiden Risiken in Erscheinung tritt:

- *Terminrisiko:* Es ist in Projekten zumeist als der größte Gefahrenfaktor anzusehen, da sowohl technische als auch personelle und organisatorische Abhängigkeiten bestehen. Es ergibt sich damit immer die Gefahr, dass das Projekt nicht wie geplant – innerhalb der vorgesehenen Termine – abgeschlossen werden kann.

- *Kostenrisiko:* Dieses Risiko ist eng mit dem Terminrisiko verbunden: Wenn Verzögerungen eintreten, steigt die Gefahr, dass das Projekt höhere Kosten verursacht als geplant.

- *Qualitätsrisiko:* Dieses Risiko umschreibt die Gefahr, dass die angestrebten Projektziele nicht in vollem Umfang erreicht werden können. Im technischen Bereich werden durch Zeit- und Kostendruck – und gerade, wenn es tatsächlich kritisch wird – oft so genannte „80 %-Lösungen" angestrebt. Dahinter steckt die Überlegung, dass die grundsätzlichen Anforderungen an die jeweilige Lösung innerhalb des gesetzten Rahmens zu erreichen sind, dass aber die letzten 20 %, die eine hohe Individualität der Lösung ausmachen können, einen unverhältnismäßig großen Aufwand erfordern.

Versuchen Sie, die Feinkonzeption so zu erstellen, dass Sie entweder auf diese Risiken hinweisen, oder aber die Teilbereiche in Form eines Stufenkonzeptes (s. Folgekapitel 3.10.4 „Bei Bedarf: Stufenkonzept bzw. Stufenplan erstellen") klassifizieren: Wenn Sie Ihre Konzeption entsprechend abstimmen, also die Zustimmung der Auftraggeber zur Kategorisierungen erhalten, haben Sie gleichzeitig die Basis für ein „Stufenkonzept" geschaffen.

Stufenkonzepte vorbereiten

Dieses kann sich als nützlich erweisen, wenn Krisen eintreten: Sie haben mit einem Stufenkonzept eine mögliche zeitliche Untergliederung bereits in abgestimmter Form vorliegen und können schnell reagieren, indem Sie Arbeitsaufträge anpassen.

Aktueller Projektstand:
Projektphase 5: Projektrisiken sind identifiziert und bewertet.

3.10.4 Bei Bedarf: Stufenkonzept bzw. Stufenplan erstellen

Hintergründe und Ziele

Viele Projekte sind nach kurzer Zeit nicht mehr überschaubar, weil zu viele Teilaufgaben auf einmal eingebracht wurden. Die Auswirkungen sind Projektverzug, höhere Kosten und vielleicht sogar unbefriedigende Ergebnisse; das würde heißen, Sie haben nicht das umgesetzt, was gewünscht war.

Überblick behalten

Teilen Sie stattdessen das Projekt mit Hilfe eines *Stufenplans* in mehrere, zeitlich getrennte Teilschritte auf, können Sie solchen Problemen vorbeugen. Kleinere (Teil-)Projekte sind leichter zu bewältigen und werden mit größerer Wahrscheinlichkeit termin- und kostengerecht abgeschlossen. Außerdem fließen bei diesem Vorgehen die in einem Schritt gewonnenen Erkenntnisse ganz zwanglos in die Planung der nächsten Etappe mit ein.

Teilbereiche voneinander trennen

Dies kann unter Umständen auch zur Folge haben, dass nach dem ersten Teilprojekt ganz anders weitergemacht wird, als ursprünglich geplant.

Die Anwendung kann gewissermaßen „reifen", die Entwicklung des Gesamtsystems wird zum evolutionären Prozess.

In der Realität sind es jedoch oft auch Vorstandsentscheidungen oder kalendarische Vorgaben, die dazu zwingen, bestimmte Projektteile vor anderen umzusetzen. Stufenpläne ergeben sich in diesen Fällen automatisch, da das Gesamtverfahren innerhalb der Projektplanung zeitlich abgebildet werden muss.

Was ist zu tun?

In der Praxis können Sie wie folgt vorgehen, um einen Stufenplan zu erstellen:

1. Stellen Sie fest, welche zeitlichen (oder auch gesetzlichen!) Vorgaben es für das Vorhaben bzw. Teilfunktionen gibt.

2. Unterscheiden Sie zwischen *zwingend umzusetzenden Anforderungen*, diese sind entscheidend für die Nutzbarkeit der Lösung („Muss-Lösung"), und *Add-Ons*, die nicht sofort oder nicht in der höchstmöglichen Qualität umgesetzt werden müssen („Kann-Lösung").

3. Ordnen Sie die Anforderungen entsprechend ihrer zeitlichen Abhängigkeiten in der Art, dass Sie die zwingend notwendigen Umsetzungsschritte komplett umsetzen und erst danach die „Add-Ons" angehen.

Natürlich sollten Sie auch die Stufenplanung mit den Entscheidungsträgern abstimmen, um auf der sicheren Seite zu sein.

Aktueller Projektstand:
Projektphase 5: Stufenkonzept bzw. Stufenplan ist erstellt.

3.10.5 Beispielfall IT-Projekt: Hardware, Software, Schnittstellen und Abläufe planen

IT-Projektmanagement:

IT-Projektmanagement beschreibt einen methodischen Ansatz, durch den betriebliche Verfahren IT-gestützt neu geschaffen oder verändert werden. Dabei wird Hard- und Software eingesetzt. Die Umsetzung der Vorhaben erfolgt meistens in Form zeitlich begrenzter, klar definierter Projekte.

Was ist zu tun?

Als nächstes gehen Sie folgende zwei Aufgaben an:

- Ein zentraler Punkt bei der Erstellung des Feinkonzeptes ist die Beschreibung der einzusetzenden Hardware, der Software, der notwendigen Schnittstellen sowie der zugehörigen Abläufe. Diese müssen exakt dargestellt und dokumentiert werden, um im Fall von Fehlerzuständen im späteren Produktivbetrieb jederzeit nachvollziehen zu können, welche IT-Technik mit welchen Verknüpfungen und Abläufen im aktuellen Einsatz ist.

Hardware, Software und Abläufe trennen

- Unterteilen Sie also Ihr Feinkonzept nach diesen Punkten, und fassen Sie jeweils die zentralen Informationen zusammen. Besonders wichtig sind dabei die im folgenden Muster genannten Daten bzw. Kenngrößen – ohne Anspruch auf Vollständigkeit; ergänzen Sie diese Aufstellung ggf. um Ihre speziellen Anforderungen.

Vorlage anpassen

Word-Mustervorlage „Feinkonzept-Gliederung"

Word-Mustervorlage auf Ihrer CD-ROM zum Buch:

PM – Feinkonzept-Gliederung

Muster für eine Gliederung eines Feinkonzepts:

Hardware:

- Beschreibung der Hardware:
  - Herstellername
  - Gerätebezeichnung
  - Anzahl und Bezeichung der vorhandenen Schnittstellen
  - Kapazität (Festplatte, Netzwerkgeschwindigkeit etc.)
- Funktionen:
  - Aufgabenstellung der Hardware: Beschreibung, welche speziellen Aufgaben bzw. Funktionen die Hardware ausführt
  - Notwendige Verbindungen mit anderer Hard- und Software
- Software:
  - Bezeichnung(en) der eingesetzten Software
  - Versionsnummer(n)/Datum des aktuellen SW-Standes
- Organisatorische Daten:
  - MAC-Adresse
  - IP-Adresse
  - Aufstellungsort (Raum-/Racknummer)
  - Sicherheitsanforderungen (z. B. Austausch nur nach Umschaltung auf ein Backup-Gerät, um den produktiven Betrieb zu sichern)
  - Besonderheiten der Hardware

Software:

- Beschreibung der Software:
  - Herstellername
  - Bezeichnung
  - Versionsnummer und -Datum
- Funktionen:
  - Aufgabenstellung der Software: Beschreibung, welche speziellen Aufgaben bzw. Funktionen die Software ausführt
  - Notwendige Verbindungen mit anderer Software
  - Schnittstelleninformationen/-beschreibung
- Organisatorische Daten:
  - Einsatzortort (Raum-/Racknummer/PC-Nummer)
  - Sicherheitsanforderungen (z. B. Hinweise zur Datensicherung oder speziellen Backup- oder Upgrade-Anforderungen)
  - Besonderheiten der Software

Schnittstellen:

- Beschreibung der Schnittstellen:
  - Herstellername (falls vorhanden)
  - Normungskennzeichen (falls es sich um eine genormte Schnittstelle handelt)
  - Bezeichnung
  - Versionsnummer und -Datum
- Funktionen:
  - Aufgabenstellung der Schnittstelle: Beschreibung, welche speziellen Aufgaben bzw. Funktionen die Schnittstelle ausführt
  - Verbindungen zu anderer Software/anderen Schnittstellen
- Struktur:
  - Exakte Darstellung der in der Schnittstelle verwendeten Datenfelder; ggf. bis auf Bit-Ebene
- Organisatorische Daten:
  - Nutzung der Schnittstellen erfolgt in folgender Software: ....
  - Verbindung zu den mit der Schnittstelle verknüpften Abläufen: Wann wird die Schnittstelle eingesetzt, wie müssen die entstehenden Daten weiter verarbeitet werden?
  - Sicherheitsanforderungen (z. B. Angaben zur Geheimhaltung der Schnittstellenstruktur, spezielle Upgrade-Anforderungen)
  - Besonderheiten der Schnittstelle(n)

Abläufe:

- Beschreibung der Abläufe:
  - Bezeichnung
  - Versionsnummer und -Datum
- Funktionen:
  - Aufgabenstellung des jeweiligen Ablaufes: Welche speziellen Aufgaben werden dadurch ausgeführt?
- Organisatorische Daten:
  - Ablaufzeitpunkte
  - Verbindung zu vorangehenden und nachfolgenden Abläufen
  - Besonderheiten des Ablaufes

Hinweise zur Bedienung der Mustervorlage

Es ist sinnvoller, die Musterdatei in Word als in Excel zu bearbeiten, da Excel nicht die notwendigen Funktionen für die Bearbeitung umfangreicher Texte bereitstellt.

Projekt-Tipp

Passen Sie die Gliederung an Ihr spezielles Projekt an, indem Sie Ergänzungen und/oder Streichungen vornehmen.

Aktueller Projektstand:

Projektphase 5: Ein Feinkonzept liegt vor; hier: als exakte Beschreibung von Hardware, Software, Schnittstellen und Abläufen.

3.10.6 Externe Lösungspartner einbinden

Hintergründe und Ziele

Sofern Sie in Ihrem Projekt vorgesehen haben, externe Beratung bzw. Lösungspartner einzusetzen, sollten Sie spätestens in der Phase der Feinkonzeption die entsprechenden Angebote einholen.

Angebote einholen

Was ist zu tun?

Die folgenden Aufgaben stehen an:

- Die groben Kosten müssen Sie bereits in Ihrer Budgetplanung vorgesehen haben – andernfalls müssen Sie dies jetzt schnellstmöglich nachholen! Eigentlich müssten Sie an dieser Stelle bereits die Auswahl des Lösungspartners getroffen haben, und es müsste dann nur noch rechtzeitig der entsprechende Auftrag erteilt werden.

- Bei öffentlich geförderten Vorhaben sind die maximal erlaubten Tagessätze für externes Personal bzw. BeraterInnen oft exakt vorgegeben. Prüfen Sie im Bedarfsfall rechtzeitig, ob dies der Fall ist und ob die in Ihrem Vorhaben benötigten externen ExpertInnen zu diesen Tagessätzen überhaupt gebucht werden können.

- Im Extremfall müssen Sie den Aufgabenumfang reduzieren oder relativ aufwändig begründen, dass höhere Tagessätze zwingend angesetzt werden müssen, um die Umsetzung der Aufgabe nicht zu gefährden. Beachten Sie, dass die Formulierung und entsprechende Beantragung bis zur Genehmigung erhebliche Zeit in Anspruch nehmen kann!

Aktueller Projektstand:

Projektphase 5: Die Einbindung externer ProjektmitarbeiterInnen bzw. Lösungspartner ist erfolgt.

> **Projekt-Tipp**
>
> Rechnen Sie externe eingeholte Angebote immer nach: Es kommt hin und wieder vor, dass Zwischen- oder Gesamtsummen nicht alle Positionen enthalten, dass Stundensätze fehlerhaft multipliziert werden oder aber dass mit einem falschen Mehrwertsteuersatz gerechnet wird.
>
> Nehmen Sie daher ein leeres Excel-Tabellenblatt und rechnen Sie die Positionen nach. Dadurch sind Sie auf der sicheren Seite, wenn es um Ihre entsprechenden Budgetpositionen bzw. die Projektabrechnung geht.

3.11 Projektadministration einrichten

3.11.1 Hintergründe und Ziele

Administration und Gremien planen

Die Vorbereitung der Projektadministration läuft eigentlich immer parallel zur Projektplanung. Dabei geht es darum,

- ein Steuerungsgremium einzurichten,
- die sonstige Projektkommunikation zu regeln,
- die Projektdokumentation und die Projektzeiterfassung vorzubereiten sowie
- den Einsatz der Excel-Tools und die entsprechende Aufgabenverteilung innerhalb des Projektes zu planen.

Worum es im Einzelnen geht, lesen Sie im folgenden Abschnitt.

Einsatz der DV-Tools im Projekt planen

Wenn Sie an die detaillierte Planung des Projektes und dessen Umsetzungsvorbereitung gehen, nutzen Sie normalerweise elektronische Hilfsmittel. Dies sind üblicherweise die Anwendungen aus einem Office-Paket, da damit sowohl Textverarbeitung als auch Tabellenkalkulation und Präsentationssoftware vorhanden und miteinander kompatibel sind.

Abhängig von der Größenordnung des Projekts müssen Sie für die Projektumsetzung an dieser Stelle noch weiter gehen und genau planen, welche zusätzlichen „Tools" Sie einsetzen wollen oder müssen.

Notwendige Tools beschaffen

Manchmal ist auch die Verwendung vorbereiteter Excel-Tabellen oder auch Formblätter vorgeschrieben – dies ist häufig in öffentlich geförderten Vorhaben der Fall, um von allen Projekten einheitlich aufbereitete Daten zu erhalten.

Projekt-Tipp

In vielen Fällen reicht es aus, eine Textverarbeitung wie Microsoft Word und eine Tabellenkalkulation wie Microsoft Excel einzusetzen. Dies hat den großen Vorteil, dass der Umgang mit diesen Werkzeugen nicht zusätzlich erlernt werden muss, da ProjektmitarbeiterInnen damit aus der täglich Arbeit im Regelfall vertraut sind und die Funktionalität kennen.

Achten Sie aber auf jeden Fall bei der Erstellung von selbst erstellten Vorlagen für z. B. das Projektcontrolling und Berichtswesen darauf, dass alles so weit wie möglich überschaubar und nachvollziehbar bleibt. Nichts ist schwieriger in einem Projekt als unüberschaubare und vor allem schwer zu pflegende Tabellen. Müssen mehrere MitarbeiterInnen mit Controlling- oder anderen Tabellen umgehen, so sollten Sie die entsprechenden Personen am besten schon beim Entwurf der Tools mit einbeziehen! Sonst kommt es später leicht dazu, dass nur eine einzelne Person die Tabellen pflegen wird, da die anderen darauf verweisen, dass *„sie bei der Erstellung nicht eingebunden wurden und nichts abgestimmt ist"*.

3.11.2 Was ist zu tun?

Ermittlung: Welche Tools werden insgesamt benötigt?

Gehen Sie wie folgt vor, um die notwendigen Werkzeuge für die Projektplanung, das Projektmanagement und das Berichtswesen auszuwählen:

- Überlegen Sie, welche Werkzeuge Sie überhaupt brauchen und wie Sie diese einsetzen wollen. In der Praxis ist es sinnvoll, dass möglichst viele dieser Tools aus einer Hand kommen, da somit der problemlose Datenaustausch gewährleistet ist:
  - **Microsoft Word** und **Microsoft Excel** sind „Standard" und sollten von allen ProjektmitarbeiterInnen beherrscht und benutzt werden. Alternativ kann auch eine kostenfreie Office-Lösung wie OpenOffice (http://www.openoffice.org) eingesetzt werden. Beachten Sie dabei aber, dass gerade nach Versionswechseln nicht unbedingt alle fortgeschrittenen bzw. neuen Funktionen von Microsoft Office sofort auch in der freien Software-Lösung verfügbar sind bzw. von dieser verarbeitet und dargestellt werden können.
  - Sie werden auch **Präsentationssoftware** benötigen und sich rechtzeitig mit deren Funktionsweise vertraut machen müssen. Im Rahmen von MS Office bietet sich hierfür PowerPoint an, es gibt aber auch in den kostenlosen Office-Paketen entsprechende Lösungen.
  - Berücksichtigen Sie auf jeden Fall den **Lizenzbedarf**, hierunter fallen die Kosten für den Kauf von Software, aber auch den Zeitbedarf für Beschaffung, Installation und Schulung. Nehmen Sie entsprechende Vorgänge in Ihre Gesamtplanung auf.

- Für manche Projekte kann sich auch Projektmanagementsoftware anbieten, die sich direkt in Outlook integriert. Weitere Details hierzu lesen Sie im Anhang 8.1 „Links".

- In transnationalen Projekten kann der Einsatz einer internetgestützten Projektplattform (s. Abb. 21) sinnvoll sein. Überlegen Sie daher, ob Sie Datenbestände auch über größere Distanzen oder Ländergrenzen hinweg den Projektbeteiligten zugänglich machen müssen, z. B. um zu ermöglichen, dass alle ProjektmitarbeiterInnen auf den gleichen Datenbestand zugreifen.

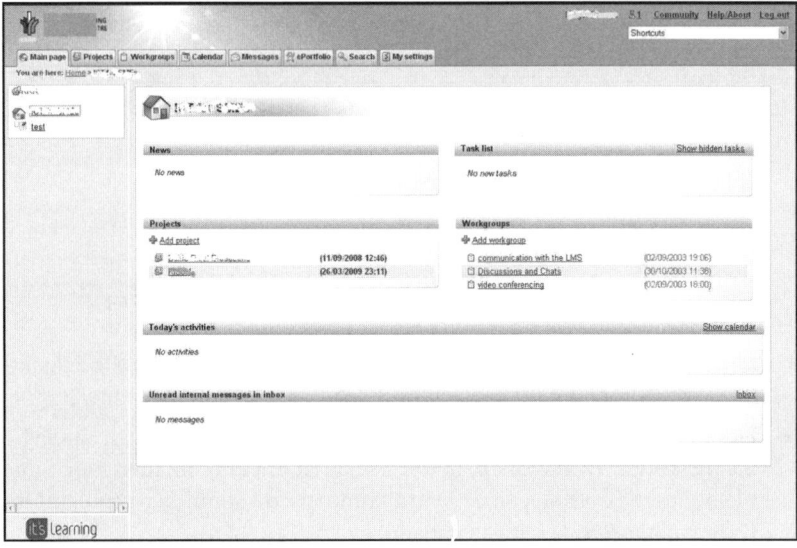

Abbildung 21: Beispiel einer Internet-Plattform für Schulung und Projektinformationsaustausch; hier: it's learning aus Norwegen; www.itslearning.com

- Prüfen Sie, welche Werkzeuge Sie insgesamt benötigen und berücksichtigen Sie dabei auch, wer diese bedienen muss: Eine lediglich auf einem einzigen PC verfügbare Projektplanungssoftware kann kaum effektiv genutzt werden, wenn mehrere MitarbeiterInnen damit arbeiten sollen.

Best Practice berücksichtigen

- Prüfen Sie aber auch, ob es bereits bewährte Muster („Best Practice") gibt, die Sie problemlos für die neue Aufgabenstellung einsetzen können. Sie brauchen nicht alles neu zu erfinden oder zu konstruieren.

Auswahlentscheidung und Beschaffung der notwendigen Tools

Nach erfolgter Prüfung, welche Tools Sie insgesamt für das Projektmanagement benötigen, können und müssen Sie die Auswahlentscheidung treffen:

- Textverarbeitung: _____
- Tabellenkalkulation: _____
- Präsentation: _____
- Projektplanung bzw. -management: _____
- Sonstige Tools: _____

Um die problemlose Arbeit sicher zu stellen: Beschaffen Sie die entsprechenden Werkzeuge nach erfolgter Abstimmung zügig und machen Sie alle ProjektmitarbeiterInnen mit dem Software-Portfolio vertraut.

Aktueller Projektstand:
Projektphase 5a: Auswahl der notwendigen EDV-Tools und deren Bereitstellung für die ProjektmitarbeiterInnen.

3.11.3 Steuerungsgremium und Projektkommunikation

Hintergründe und Ziele

Ein weiterer Schritt im Rahmen der Projektvorbereitung ist die Einrichtung von Steuerungsgremien und die Strukturierung der allgemeinen Projektkommunikation.

Hier kommen die zuvor beschriebenen Rollen der ProjektmitarbeiterInnen bzw. der sonstigen Beteiligten ins Spiel (s. Kapitel 3.1 „Zusammenstellung der Projektgruppe"), denn jede/r muss regelmäßig mit den benötigten Informationen versorgt bzw. einbezogen werden.

Zu den zentralen Gremien innerhalb eines (größeren oder längerfristigen) Projekts gehört der *Lenkungsausschuss*. Dieser ist dafür zuständig, den Projektablauf zu überwachen, steuernd einzugreifen und Entscheidungen zu treffen, um das Vorhaben auf dem richtigen Weg zu halten. Auch die Besprechung von strategischen Fragestellungen, den Zielsetzungen, Teilzielen oder sonstigen Problemen kann im Lenkungsausschuss stattfinden.

Steuerungs- und Lenkungsgremien einrichten

Was ist zu tun?

Sechs Tipps für die Planungen des Lenkungsausschusses:

1. Überlegen Sie, wer den Vorsitz übernehmen soll.
2. Berücksichtigen Sie als TeilnehmerInnen alle relevanten EntscheiderInnen.
3. Planen Sie ein, wer als BeraterIn aus Fachabteilungen oder anderen Bereichen notwendig ist.
4. Beziehen Sie auch TeilnehmerInnen aus dem operativen Bereich als Fachkompetenzen mit ein, die in den Sitzungen Detailauskünfte geben können.

Lenkungsausschuss planen

5. Legen Sie regelmäßige Sitzungsintervalle fest, die über die Laufzeit des Projekts verteilt sind. Berücksichtigen Sie dabei unbedingt Ferien- und bekannte Urlaubszeiten, denn nichts ist ärgerlicher, als wenn Sie eine Terminplanung vorlegen, nach der beispielsweise wichtige Sitzungen in den Schulferien stattfinden. Bei der Zeitplanung sollten Sie auch die notwendigen Vorlaufzeiten für die Tagesordnungs- bzw. Berichtserstellung einplanen, ebenso das Procedere für die Einladung – reicht eine E-Mail an alle Beteiligten oder muss es ein formeller Einladungsbrief sein?

6. Vergessen Sie nicht, konkret eine/n Kollegin/Kollegen für die Protokollführung vorzusehen. In diesem Zusammenhang ist auch zu regeln, wer die Protokolle abstimmt und letztlich frei gibt, und an wen diese verteilt werden (ggf. über die Lenkungsausschuss-Mitglieder hinaus). Legen Sie Fristen fest, in denen die Protokolle erstellt, abgestimmt und verteilt sein *müssen*.

Acht Tipps für die Planung eines Projektteams:

Optimales Projekt-team

Ein weiteres wichtiges Gremium ist das *Projektteam*. Dieses behandelt die operative Seite des Vorhabens, d. h. die Mitglieder befassen sich mit der Umsetzung in der Praxis und lösen die aufkommenden Fragestellungen oder Probleme.

Auch hier gelten für die Planung einige Überlegungen analog zur Planung des Lenkungsausschusses:

1. Nehmen Sie zu jedem Fachthema jemanden ins Projektteam auf.

2. Planen Sie regelmäßige Sitzungen inklusive Protokollführung und -abstimmung.

3. Bereiten Sie vor jeder Sitzung eine Tagesordnung vor und verteilen Sie diese rechtzeitig vor jeder Sitzung.

4. Planen Sie das Vorgehen der Einberufung einer Projektteamsitzung in Krisenzeiten, damit Sie und die Beteiligten entsprechend vorbereitet sind und Sitzungen bei Bedarf schnell stattfinden können.

5. Sehen Sie regelmäßige Berichte aus allen Teilprojektbereichen vor, damit alle relevanten Themen besprochen werden können.

6. Einen besonderen Schwerpunkt auf jeder Tagesordnung sollten aufgetretene Probleme haben, denn in der Gruppe können diese durchgesprochen und ggf. direkt gelöst werden.

7. Weisen Sie regelmäßig auf die Terminsituation bzw. den Fertigstellungsgrad hin, besonders, wenn viele voneinander abgegrenzte Teilmodule entwickelt werden, die zum Stichtag zusammenfließen müssen.

8. Auch Hinweise auf die Kostensituation können dazu beitragen, dass einerseits alle Projektteammitglieder den neuesten Stand haben und andererseits finanzielle Probleme deutlich werden, da davon der Projektverlauf maßgeblich beeinflusst wird.

Projekt-Tipp

Es kann auch sinnvoll sein, zusätzliche *Teilprojektsitzungen* einzuführen, die beispielsweise wöchentlich oder 14-tägig stattfinden und dem Austausch über den entsprechenden Teilbereich dienen.

Und gerade, wenn sich zentrale Änderungen ergeben, Grundsatzinformationen „von oben" kommen oder größere Probleme auftreten: Beziehen Sie alle ProjektmitarbeiterInnen mit ein! Sonst fühlen sich Einzelne sehr schnell ausgeschlossen, verlieren die Motivation oder gehen davon aus, dass sie „sowieso nichts erfahren".

Wenn Sie diese Schritte umgesetzt haben, sind Sie der *Projektrealisierung* ein Stück näher gekommen. Denken Sie immer daran, dass die Kommunikation im Projekt neben der fachlichen Kompetenz die wichtigste Größe ist, die den Projektverlauf und gerade auch den Projekterfolg bestimmt. Was es bedeutet, wenn Kommunikationsmängel auftreten und wie Sie damit umgehen können, erfahren Sie im nächsten Abschnitt.

KRITISCH: Kommunikationsmängel

Kommunikation heißt Informationen austauschen und diese gegenseitig verstehen.

Mangelnde Kommunikation hat verschiedene Ursachen – sie entsteht, wenn

Informationsaustausch sicherstellen

- jeder darauf vertraut, dass der oder die anderen „schon Bescheid" wissen,
- jeder davon ausgeht, dass „sowie jeder alles mitkriegt" oder
- Informationen bewusst zurück gehalten werden.

Insgesamt führt mangelnde Kommunikation im Projekt dazu, dass Informationen entweder nicht weitergegeben werden oder dass diese nicht oder nicht richtig verstanden werden.

Wird dieses Nichtverstehen als solches nicht erkannt, kommt eine weitere Verschärfung hinzu: Die ProjektmitarbeiterInnen reden aneinander vorbei, ohne es zu merken und erstellen womöglich Teilergebnisse, die so nicht zusammen funktionieren können. Schuldzuweisungen sind die Folge, obwohl diese natürlich nichts bringen, denn der Mangelfaktor besteht weiterhin.

Wie können Sie damit umgehen bzw. das Entstehen solcher Situationen vermeiden?

Hier bietet sich der Rückgriff auf die Planung der Projektgremien und der Projektkommunikation an: Führen Sie regelmäßige Projektteamsitzungen ein, die Sie klar gliedern und deren Ergebnisse Sie protokollarisch festgehalten.

- Wöchentliche oder 14-tägige Sitzungen eignen sich hervorragend dazu, den aktuell erreichten Projektstand und die anstehenden Probleme zu diskutieren und einzugreifen.

- Wichtig: Schreiben Sie als Projektleiter die Protokolle nicht selbst, sondern übertragen Sie diese Aufgaben auf einen Projektmitarbeiter. Ansonsten sind Ihre Engpässe vorprogrammiert.

- Geben Sie eher zu viele als zu knappe Informationen, und informieren Sie eher öfters als weniger.

Aus der Projekt-Praxis:

Störungen in der Umsetzung vermeiden

Treten größere Probleme auf, werden in vielen Betrieben detaillierteste Aufschreibungen erstellt, die genau wiedergeben, wer wann was gesagt oder mit wem telefoniert hat – und diese Liste muss natürlich durch die Projektleitung erstellt werden. Damit wird jedoch erst einmal weitere Arbeitszeit in der kritischen Phase gebunden, ohne dass dies weiter führt. Die damit erreichte weitere Verschärfung der zeitlichen Situation will später aber niemand wahrhaben.

Besser wäre es, solche Aufgaben an das Ende des Projektes zu verlegen und in einer Rückschau die kritischen Stellen zu erkennen, um sie in weiteren Projekten zu vermeiden. Zu einer solchen Rückschau kommt es jedoch erfahrungsgemäß selten, denn irgendwann läuft die vollständig umgesetzte Lösung, und niemand will sich mehr mit früheren Problemstellungen befassen. Außerdem drängeln meistens die nächsten Aufgaben, und es wird als Zeitverschwendung angesehen, eine Rückschau zu halten.

Aktueller Projektstand:
Projektphase 5a: Projektsteuerungsgremien sind eingerichtet und die Wege und Arten der Projektkommunikation sind festgelegt.

4 Werkzeuge für die Projektadministration

In diesem Abschnitt:

- Projektdokumentation vorbereiten
- Zeiterfassung vorbereiten
- Arbeitsgruppen für Teilprojekte einrichten
- Kompetenzregelungen
- Aufgabenverteilung
- Umsetzung der Anforderungen
- Laufende Überwachung
- Tipps zur Konfliktlösung
- Einführung, Abnahme und Projektabschluss

Die Vorbereitung der Projektadministration läuft normalerweise parallel zur Projektplanung, um alle notwendigen Aufgaben vorzubereiten und zu verteilen. Dabei geht es darum,

- alle für die Projektüberwachung und -steuerung notwendigen Arbeitsmittel bzw. „Werkzeuge" bereit zu stellen,
- Projektdokumentation, Zeiterfassung und Kompetenzen zu regeln und festzuschreiben,
- die Aufgabenverteilung zu regeln,
- Details der Projektkommunikation festzulegen und auch für die Konfliktlösung vorzusorgen,
- die Einführungsphase, den Produktivbetrieb und den Projektabschluss vorzubereiten.

Worum es im Einzelnen geht, erfahren Sie in diesem Kapitel.

4.1 Projektdokumentation

4.1.1 Hintergründe und Ziele

Zur Vorbereitung der Projektumsetzung gehört auch, die Projektdokumentation vorzubereiten: Im Rahmen der Projektvorbereitung haben Sie zu diesem Zeitpunkt bereits begonnen, Unterlagen zusammen zu stellen, Anträge zu stellen und Genehmigungen einzuholen, E-Mails und Vermerke zu schreiben und so weiter. Diese Unterlagen müssen geordnet ablegen – lesen Sie im Folgenden, auf welche Punkte Sie achten müssen und wie Sie eine Projektdokumentation idealerweise aufbauen.

Alles Wichtige dokumentieren

4.1.2 Was ist zu tun?

Technische Projektdokumentationen sehen natürlich anders aus als beispielsweise diejenigen von Projekten, die im öffentlichen Bereich durchgeführt werden. Einige Basisdokumente gibt es aber immer, und daraus lässt sich eine *Basisstruktur* ableiten (Beispiel siehe unten).

Elektronische Ordnerstrukturen

Idealerweise bilden Sie die Basisstruktur elektronisch in Form einer entsprechenden Ordnerstruktur ab; so kann jedes Projektmitglied auf die Unterlagen zugreifen. Aufwand entsteht natürlich für die Pflege, d. h., Sie müssen dafür sorgen, dass Ordner angelegt werden (nicht nur elektronisch), und dass alle relevanten Dokumente auch an den richtigen Stellen im Ordner abgelegt werden.

Falls Sie ein Dokumentenmanagementsystem verwenden, ist die Vergabe von Schlagwörtern bzw. Sortier- und Zuordnungskriterien entscheidend. Sonst wird es schwierig, schnell das gewünschte Dokument aufzurufen bzw. zu holen oder gar zu finden.

Projekt-Tipp

Legen Sie sich zu Beginn des Projekts ein so genanntes *Projekttagebuch* an, in dem Sie mit Datum und Uhrzeit alle relevanten Schritte, Veränderungen und auch Probleme aufschreiben. Auch wichtige Telefonate und deren Ergebnisse können Sie dort notieren.

Der Vorteil ist, dass Sie damit an *einer* Stelle einen kompletten chronologischen Ablauf gespeichert haben und bei Bedarf darauf zurückgreifen können. Natürlich können Sie im Prinzip in das Tagebuch schreiben, was Sie wollen, und unter diesem Aspekt ist der Wert als besonderes Nachweisinstrument natürlich begrenzt. Aber Sie selbst haben damit die Sicherheit, im Krisenfall oder bei sonstigen Problemen zumindest für sich selbst nachweisen zu können, was wann wie abgelaufen ist. Außerdem besteht auch die Möglichkeit, die einzelnen Abschnitte zum Beispiel wochenweise auszudrucken und vom Vorgesetzten abzeichnen zu lassen. Damit sind Sie auf der ganz sicheren Seite.

4.1.3 Word-Muster „Dokumentationsstruktur"

Richtige Gliederung

Ein Musterbeispiel für eine Dokumentationsstruktur finden Sie auf Ihrer CD-ROM zum Buch. Auch bei dieser Musterstruktur handelt es sich um ein Textdokument, welches Sie in Word bearbeiten und ergänzen können.

Word-Mustervorlage auf Ihrer CD-ROM zum Buch:

PM > Dokumentationsstruktur

Die Muster-Dokumentationsstruktur enthält folgende Informationen:

Projektvorbereitung

- Gesetzliche Anforderungen/Richtlinien
- Genehmigungen (Bescheide)

- Projektanträge: Vorlagen für Entscheidungsgremien
- Antragsvorbereitung (Vorversionen)
- Angebote und Auftragsvergaben

Projektplanung

- Umsetzungsplanung
- Ressourcenplan
- Finanzplan
- Arbeitspakete
- Projektablaufplan
- Fortschrittskontrolle
- Krisenplan

Projektberichte

- Projekttagebuch
- Fortschrittsberichte für Gremien
- Projektteam-Protokolle
- Presse

Schriftverkehr und Protokolle

- Vermerke/Aktennotizen
- Besprechungen/Sitzungsprotokolle/Telefonate
- Schriftverkehr/E-Mails

Projektcontrolling

- Aufwandsbelege
- Rechnungen und -bezahlung
- Controlling: Budgetplanung und -überwachung
- Soll-/Ist-Vergleiche
- Mittelabrufe (Fördermittel)

Projektabschluss

- Freigabe
- Abschlussbericht

Projekt-Tipp

Denken Sie daran, dass die Projektdokumentation nachvollziehbar und übersichtlich sein muss. Dies bedeutet, dass Sie eine *Grundstruktur* anlegen und diese auch für weitere Projekte verwenden sollten (siehe Mustervorlage). Die Feinstruktur der Dokumentation können Sie bei jedem Projekt anpassen.

Oft wird die Projektdokumentation auch von Dritten benötigt (z. B. bei Revisionsprüfungen oder Prüfungen durch öffentliche Mittelgeber). Sind alle Unterlagen beispielsweise ausschließlich chronologisch abgelegt und nicht nach Bereichen sortiert, fällt für Dritte die Orientierung schwer bzw. wird vollständig unmöglich.

Und auch Nachweise für öffentliche Mittelgeber sind in solchen Fällen nur schwer zu führen. Bei Prüfungen im öffentlichen Bereich fehlt es meistens an der Zeit, alles komplett neu zu sortieren. Es drohen Probleme bis hin zum Verlust bzw. der Rückforderung von Fördermitteln.

Aktueller Projektstand:

Projektphase 5a: Die Struktur der Projektdokumentation ist festgelegt und abgestimmt.

4.2 Zeiterfassung

4.2.1 Hintergründe und Ziele

Die Zeiterfassung ist eines der ungeliebten Themen in der Projektarbeit. In aller Regel müssen die an einem Projekt Beteiligten die Arbeitszeit, die sie für das jeweilige Vorhaben aufwänden, erfassen und für die Projektabrechnung bereitstellen.

Regelmäßige Zeiterfassung wichtig

Ungeliebt ist dies deshalb, weil die Arbeitszeiterfassung einerseits eine entsprechende Vorbereitung erfordert und andererseits *sehr* regelmäßig durchgeführt werden muss (am besten täglich).

Zählt es zu Ihrem Aufgabenbereich, die Projektzeiterfassung zu organisieren, klären Sie zunächst die folgenden grundsätzlichen Fragen:

- Steht für die Projektzeiterfassung ein elektronisches Zeiterfassungssystem („Stempeluhr") zur Verfügung oder müssen die MitarbeiterInnen die Zeit selbst aufschreiben?

- Ist die Zurechnung von Arbeitszeiten nur auf das Gesamtprojekt oder auch auf Teilprojekte nötig?

Wenn diese Fragen geklärt sind – und sich ergeben hat, dass eine Zeiterfassung für das Projekt notwendig ist – sollten Sie unbedingt darauf achten, wenn möglichst bereits vorhandene Systeme zu nutzen. Dies bedeutet, entweder ein vorhandenes Zeiterfassungssystem zu nutzen oder bereits bewährte Verfahren (wieder) einzusetzen.

Time Sheet

Die *Time Sheet-Erfassung* ist dabei für Sie ein gutes Mittel, um schnell den Ressourcenverbrauch kontrollieren zu können: Denken Sie daran, dass die Projektmittel begrenzt sind und der Verbrauch im Auge behalten werden muss. Auch für Ihre Zwischenberichte und -abrechnungen müssen Sie in der Lage sein, Auskunft über die aufgewendete Arbeitszeit (bzw. die damit verbundenen Kosten) zu geben.

Praxis-Hinweis

Unterschätzen Sie nicht den Zeitaufwand, der für die Erstellung, die Pflege und vor allem die Kontrolle der Projektarbeitszeit anfällt. Planen Sie entsprechende Zeiten in das Gesamtprojekt ein.

4.2.2 Was ist zu tun?

12 Regeln für Ihre Projekt-Zeiterfassung:

- Schaffen Sie Regelungen, die bestimmen, dass Time Sheets (ggf. pro Teilprojekt) genutzt und regelmäßig (täglich) ausgefüllt werden.

> Time Sheets als Basis

- Wenn Sie kein zentralisiertes Erfassungssystem verwenden, nutzen Sie vorhandene Tools (hier: Microsoft Excel), um zu gewährleisten, dass einerseits allen Beteiligten dieses Werkzeug zur Verfügung steht und andererseits, dass auch alle damit umgehen können. Es darf nicht dazu kommen, dass das Erfassungstool eine Hürde darstellt, die verhindert, dass es benutzt wird.

- Stellen Sie entsprechende Musterdateien als Basis zur Verfügung (s. Kapitel 6.3 „Arbeitszeiten und Arbeitskosten erfassen"). Achten Sie darauf, das System möglichst einfach und überschaubar zu halten. Stellen Sie für jedes Projektmitglied eine eigene Datei pro Jahr zur Verfügung, die auch ein „Summenblatt" enthält. Letzteres können Sie wiederum in einer eigenen Datei „auswerten", indem Sie beispielsweise Gesamtjahresbetrachtungen anlegen oder Mitarbeitergruppen auswerten.

- Bereiten Sie die Erfassungsdateien so vor, dass Sie automatisiert Teil- und Gesamtsummen bilden können (für einen Soll-/Ist-Vergleich und das Berichtswesen).

- Kontrollieren Sie die Ausfüllung der Time Sheets monatlich. Mahnen Sie die Ausfüllung und Abgabe der Time Sheets an, wenn diese nicht geliefert werden.

- Gleichen Sie die Time Sheets bzw. Ihre Summenbildungen mit der jeweiligen Arbeitszeit ab. Achten Sie darauf, dass nicht mehr Zeit im Projekt oder mehreren gleichzeitigen Projekten abgerechnet wird als Arbeitszeit pro Tag oder Monat aufgewendet wurde.

- Achten Sie auch auf „Plausibilitäten" zwischen den verschiedenen Projektbeteiligten: Es darf nicht passieren, dass verschiedene Beteiligte beispielsweise gemeinsame Besprechungen mit unterschiedlichen Zeitangaben – oder womöglich an unterschiedlichen Tagen – erfassen.

- Urlaubszeiten sollten erfasst werden (und mit dem Urlaubsplan übereinstimmen). Nichts wäre ärgerlicher, als wenn bei einer Prüfung festgestellt wird, dass der oder die ProjektmitarbeiterIn im Urlaub war, aber Projektzeit abgerechnet hat. Gleiches gilt für Krankheitszeiten.

- Auch durch Feiertage können Sie in die Erfassungsfalle geraten, wenn nämlich in der Zeiterfassung bzw. -aufschreibung nicht darauf geachtet wird, dass an bestimmten Daten im Jahr Feiertage sind, an denen (im Normalfall) nicht gearbeitet wird. Markieren Sie in Ihren vorgegebenen Zeiterfassungstabellen solche Tage so, dass eine fehlerhafte Zeiteintragung nicht möglich ist oder auffällt (beispielsweise durch Feldsperrung oder -schraffierung).

- Behalten Sie im Auge, ob „fertige" Time Sheets mit allen nötigen Unterschriften versehen und gestempelt sind. Da MitarbeiterInnen durchaus auch den Arbeitsbereich nach dem Ende eines Projektes verlassen, müssen Sie die Unterschriften rechtzeitig einholen. Das spätere Zuschicken von Unterlagen mit der Bitte um Unterschrift kann zeitintensiv und nervenaufreibend werden, besonders, wenn vielleicht bereits eine Revisionsprüfung angekündigt wurde.

- Wenn MitarbeiterInnen ausschließlich im Projekt oder auch in mehreren (Teil-)Projekten gleichzeitig arbeiten: Die insgesamt im Projekt und den Teilprojekten aufgewendete Arbeitszeit muss „aufgehen", also der gesamten Tagesarbeitszeit entsprechen. Lassen Sie sich die entsprechenden Zeitaufschriebe aushändigen, oder fordern Sie ggf. monatliche Auswertungen bei der zentralen Zeiterfassung an. Wenn Tagesarbeitszeit und Summe der Projektarbeitszeiten nicht übereinstimmen, müssen Sie die Abweichungen klären!

Controlling einbinden

- Verbinden Sie die Arbeitszeiterfassung mit dem Controlling: Legen Sie eine zentrale Datei an (beispielsweise in Microsoft Excel), und lassen Sie die monatlichen Arbeitszeiten pro Teilprojekt erfassen. Sie können in Excel dazu auch die Erfassungsdateien der einzelnen MitarbeiterInnen per Dateiverknüpfung miteinander verbinden und Ihre Sammeldatei „per Knopfdruck" aktualisieren lassen. Dies ermöglicht Ihnen den ständigen Überblick über den tatsächlichen Zeitaufwand im Projekt sowie eine Hochrechnung der Personalkostenanteile (sofern die Gehaltsdaten bekannt sind).

Projekt-Tipp

In öffentlichen oder öffentlich geförderten Vorhaben ist das Führen von Time Sheets oft Pflicht, wobei zum Teil auch die Gestaltung bzw. Form der Bögen vorgegeben ist.

Da Prüfungen manchmal erst längere Zeit nach dem Ende des Projekts erfolgen, müssen Sie die Projektunterlagen so lange griffbereit und ordentlich aufbereitet vorhalten, bis dies erledigt ist. Und das kann durchaus auch im Jahresbereich sein.

Monatliche Auswertungen

Haben Sie ein zentralisiertes Projektabrechnungssystem im Einsatz, so lassen Sie sich zumindest monatlich Auswertungen erstellen, aus denen sowohl der Gesamtzeitverbrauch als auch die entstandenen Kosten erkennbar sind. Sofern nötig: Fordern Sie auch die Auswertungen auf Teilprojektebene an.

Somit sind Sie hinsichtlich des Arbeitszeitcontrollings abgesichert und können jederzeit kompetent Auskunft geben.

Excel-Muster in Form von Time Sheet-Dateien mit den entsprechenden Erläuterungen stehen Ihnen in Kapitel 6 „Werkzeuge für die Betriebswirtschaft des Projekts" für den sofortigen Einsatz zur Verfügung.

In der darauf folgenden Projektphase geht es darum, auf dieser Grundlage die Umsetzung des Vorhabens zu beginnen und alle Schritte zu unternehmen, um es wie geplant erfolgreich abzuschließen.

Was jetzt getan und beachtet werden muss und wie sich der weitere Projektverlauf gestaltet, erfahren Sie in folgendem Abschnitt.

Aktueller Projektstand:

Projektphase 5a: Die Zeiterfassungsmechanismen im Projekt sind definiert und die notwendigen Tools sind bereitgestellt.

4.3 Arbeitsgruppen für Teilprojekte

Nachdem Grob- und Feinkonzept geschrieben und abgestimmt wurden, kommt die Phase der Realisierung bzw. Implementierung. Hier entsteht die eigentliche Lösung für die Projektaufgaben.

Teams für Teilaufgaben einrichten

Um so weit zu kommen, ist jedoch ein umfangreicher und zeitintensiver Einsatz von spezialisierten Mitarbeiterinnen und Mitarbeitern nötig.

4.3.1 Hintergründe und Ziele

Bei der Einrichtung der Arbeitsgruppen geht es darum, dass Sie zunächst anhand der Arbeitspakete prüfen, welche Teilprojekte es gibt, und Arbeitsgruppen bzw. Teams einrichten, die jeweils ein oder mehrere Arbeitspakete bearbeiten.

4.3.2 Was ist zu tun?

Wichtig ist dabei:

- Eine *Teamstruktur* festzulegen und dabei auch eine „Teamleitung" einzurichten. Sonst arbeitet jeder im Team für sich und spricht im Zweifelsfall die Projektleitung direkt an, wenn Fragen zu klären sind.
- Die Frage der *Vertreterregelungen* klar zu klären (s. Abb. 22). Eine entsprechende Übersicht ist schnell angelegt und kann für alle Projektbeteiligten verbindlich gemacht werden. Nichts ist ärgerlicher, als wenn in Urlaubszeiten niemand für bestimmte Aufgaben zuständig ist und – noch schlimmer – niemand über den aktuellen Realisierungsstand Auskunft geben kann.

- Im Team festzulegen, wer z. B. Berichte schreibt oder die entsprechenden Informationen für die Weitergabe sammelt.

Ein Sonderfall ist ein so genanntes *„virtuelles Projektteam"*. Solche Konstruktionen entstehen, wenn ProjektteilnehmerInnen über mehrere Standorte verteilt sind und hauptsächlich auf elektronischem Wege zusammen arbeiten. Als Projektleiter haben Sie kaum die Möglichkeit, vor Ort Arbeitsergebnisse anzusehen. Richten Sie aber auch in solchen Fällen einen entsprechenden Teamaufbau ein, um den Ablauf analog der „festen" Teams zu gestalten.

Aktueller Projektstand:
Projektphase 5a: Arbeitsgruppen für die Realisierung wurden eingerichtet, Vertreterregelungen wurden bekannt gemacht.

4.3.3 Excel-Muster „Vertretungsregelungen im Projekt"

Excel-Mustervorlage auf Ihrer CD-ROM zum Buch:

PM > II-1 Vertretungsregelungen

Vertretungsregelungen; Projekt: < Projektbezeichnung >								
	wird vertreten durch….							
MitarbeiterIn [Funktion]	Projektleitung	Systemtechnik	Rechenzentrum	Datenbank-Entwicklung	Webdesign 1	Webdesign 2	Marketing	Verwaltung / Assistenz
Projektleitung		▓						
Systemtechnik			▓					
Rechenzentrum		▓						
Datenbank-Entwicklung					▓			
Webdesign 1						▓		
Webdesign 2		▓						
Marketing	▓							
Verwaltung / Assistenz							▓	

Abbildung 22: Übersicht der Vertretungsregelungen im Projekt

Diese Vorlage ist darauf ausgerichtet, anhand der Feldmarkierung mit der grauen Schraffierung übersichtlich darzustellen, wer wen im Projekt vertritt (s. Abb. 22). Sie müssen lediglich die entsprechenden Felder mit der gewünschten *Füllfarbe* markieren.

Klären Sie die Vertreterregelungen:

Wichtig: Vertretungsregeln

Geben Sie die Vertreterregelungsübersicht allen Projektbeteiligten zur Kenntnis. Damit vermeiden Sie einerseits, dass im Zweifelsfall die falsche Person angesprochen wird, und andererseits können Sie sich auch auf die mit den Regelungen verbundenen Verantwortlichkeiten berufen.

Achten Sie bei der Regelung der Vertretungen auch auf „weiche" Faktoren, die den Projektverlauf beeinflussen können:

- Fehlende Motivation: Diese macht sich manchmal erst bemerkbar, wenn die Vertreterin oder der Vertreter wirklich aktiv werden muss.

- Mangelnde Qualifikation: Diese sollten Sie rechtzeitig vor Beginn der Realisierung prüfen.

Mehr dazu, welche Probleme in den Arbeitsgruppen auftreten können und wie Sie diese bewältigen, in den folgenden Ausführungen.

4.3.4 Probleme in den Arbeitsgruppen

KRITISCH: Fehlende Motivation

Die MitarbeiterInnen eines Projektes sind die wichtigsten Faktoren. Ein Projekt kann daran scheitern, dass die MitarbeiterInnen unmotiviert sind, obwohl die fachlichen Kompetenzen vorhanden sind. Sie müssen folglich darauf achten, dass die Ziele der Arbeit klar sind und dass die MitarbeiterInnen davon überzeugt sind, durch ihren Beitrag das Projekt zum Erfolg zu führen.

> MitarbeiterInnen motivieren

Dies erreichen Sie *nicht*, indem Sie den MitarbeiterInnen Unterlagen auf den Tisch werfen oder beim Verlassen des Raumes die Tür hinter sich zuknallen. Auch überstarke Kritik bei sich abzeichnenden Krisen oder Ausraster wie direktes Anschreien führen dazu, dass Ihre MitarbeiterInnen den Mut verlieren. Gleiches gilt für nächtelange Überstunden und verbrauchte Wochenenden. Behalten Sie im Hinterkopf: Die MitarbeiterInnen merken sofort, wenn falsche Planung diese Situationen herbeigeführt hat!

Projekt-Tipp

Sorgen Sie durch regelmäßige Informationen, Aufmerksamkeit und Freundlichkeit den MitarbeiterInnen gegenüber dafür, dass diese ihre Arbeit gern machen. Ansonsten werden immer wieder Krisen auftreten, die nicht nötig gewesen wären.

KRITISCH: Ressourcenmangel

Bei der Teamplanung bzw. späteren Aufgabenzuteilung ganz entscheidend ist eine ausreichende Anzahl an MitarbeiterInnen und ausreichende sonstige Ressourcen.

> Ressourcenmangel ausräumen

Zeichnet sich ein Ressourcenmangel in dieser Phase ab, weil beispielsweise inzwischen weitere Projekte oder Aufgaben verteilt werden müssen, oder weil sich in der Planungsphase gezeigt hat, dass mehr Personal benötigt wird, so müssen Sie jetzt auf diese Fakten hinweisen. Begründen Sie Ihre Darstellungen gut, denn sonst werden Sie ins Leere laufen.

Wenn Sie bereits mit einem Ressourcenmangel in die Realisierung starten, können Sie davon ausgehen, dass entweder Verzögerungen eintreten oder Teilbereiche bis hin zum gesamten Projekt nicht termingerecht umgesetzt werden können. Eine Möglichkeit ist natürlich, Überstunden bzw. Mehrarbeit einzuplanen – allerdings ist dies zu Beginn der Realisierungsphase keine gute Idee.

KRITISCH: Mangelnde Qualifikation

**Qualifika-
tionsanfor-
derungen
berück-
sichtigen**

Sind die Personalressourcen für das Projekt bekannt, müssen Sie im Rahmen der Aufgabenverteilung – oder am besten vorher – vorsichtshalber noch prüfen, ob alle beteiligten MitarbeiterInnen auch wirklich über die für die Realisierung notwendigen Qualifikationen verfügen.

Für manche Bereiche sind beispielsweise Anfängerkenntnisse in UNIX oder LINUX oder auch Förderrecht ausreichend, an anderen Stellen müssen Detailkenntnisse vorhanden sein. Und was nützt es, wenn ProjektmitarbeiterInnen nicht richtig mit Excel umgehen können, aber das Projektcontrolling nebenbei pflegen sollen?

Dies sind Beispiele, was in der laufenden Umsetzung passieren könnte, und Ihre Aufgabe ist es, entsprechend gegen zu steuern. Vielleicht ist im einen oder anderen Fall auch eine vorbereitende Schulung nötig. Planen Sie entsprechend bzw. melden Sie die entsprechenden Bedarfe an!

Aktueller Projektstand:
Projektphase 5a: Kritische Faktoren in der Projektzusammenarbeit wurden beleuchtet und Lösungsansätze betrachtet.

4.4 Kompetenzregelungen

4.4.1 Hintergründe und Ziele

**Klare Kom-
petenzen
zuweisen**

Die Beschreibung der Rollen im Projekt (s. Kapitel 3.1 „Zusammenstellung der Projektgruppe") ist, wie Sie gesehen haben, entscheidend – und zwar im wahrsten Sinne des Wortes.

Sind die beteiligten MitarbeiterInnen sich nicht darüber im Klaren, welches ihre spezifische Rolle im Projekt ist – sei es als ProgrammiererIn, Datenbank-SpezialistIn, FördermittelberaterIn, ControllerIn oder ProjektleiterIn –, wird dies fatale Folgen haben: Verantwortung wird entweder nicht wahrgenommen oder delegiert, Informationen werden nicht weitergegeben (oder nicht vollständig oder nicht an die richtigen Stellen), und Aufgaben werden evtl. gar nicht in Angriff genommen.

4.4.2 Was ist zu tun?

Auch die Regelung von Kompetenzen ist wichtig. Der Projektleiter bzw. die Projektleiterin müssen ebenso wissen, was er/sie darf (und was nicht) wie jede/r sonstige MitarbeiterIn im Projekt.

Weiß beispielsweise ein Programmierer nicht, ob er Rechnungen externer Partner abzeichnen darf, kann es vorkommen, dass diese liegen bleiben, bis entsprechende Regelungen getroffen wurden (oder Mahnungen eintrudeln).

Projekt-Tipp
Beschreiben Sie die Kompetenzen der ProjektmitarbeiterInnen. Halten Sie diese am Besten in einer Übersicht schriftlich fest.

4.4.3 Starten Sie das Excel-Muster „Kompetenzregelungen"

Auch auf diesem Excel-Sheet können Sie recht schnell die Kompetenzen jedes Projektmitarbeiters durch farbliche Markierung der entsprechenden Felder kenntlich machen. Nutzen Sie dazu die *Füllfarben* von Excel.

Excel-Mustervorlage auf Ihrer CD-ROM zum Buch:

PM > II-2 Kompetenzregelungen

Kompetenzregelungen; Projekt: < Projektbezeichnung >

MitarbeiterIn [Funktion]	Prüfung von Rechnungen	Freizeichnung von Rechnungen	Rechnungs-bezahlung	Material-bestellung	Time Sheets freizeichnen	Abschluss von Verträgen	Auftrags-erteilungen	Freigaben	Entscheidungen Gesamtprojekt-ebene	Entscheidungen Fachebene
Projektleitung										
Systemtechnik										
Rechenzentrum										
Datenbank-Entwicklung										
Webdesign 1										
Webdesign 2										
Marketing										
Verwaltung / Assistenz										

Abbildung 23: Kompetenzregelungen für ein Projekt

Geben Sie die fertige Übersicht allen Projektbeteiligten zur Kenntnis. So entfällt die Nachfrage, was er/sie in Bezug auf die Kompetenz veranlassen darf.

Aktueller Projektstand:
Projektphase 5a: Die Kompetenzen im Projekt wurden geregelt.

4.5 Aufgabenverteilung

4.5.1 Hintergründe und Ziele

Wenn Sie, um jetzt die Realisierung zu starten, die Aufgaben innerhalb des geplanten Projekts verteilen, spielen verschiedene Faktoren eine wichtige Rolle:

- Qualifikation des Mitarbeiters oder der Mitarbeiterin
- Erfahrungspotenzial des Mitarbeiters oder der Mitarbeiterin
- Verfügbarkeit des Mitarbeiters oder der Mitarbeiterin

- Zuverlässigkeit des Mitarbeiters oder der Mitarbeiterin
- Kosten des Mitarbeiters oder der Mitarbeiterin

Alle notwendigen Basisinformationen für diese Betrachtungen haben Sie bereits in den vorangegangenen Schritten zusammengestellt:

- die Aufgabenbereiche und Arbeitspakete geplant (s. Kapitel 3.4.1 „Aufgabenbereiche"),
- die einzelnen Arbeitspakete beschrieben (s. Kapitel 3.4.2 „Arbeitspakete"),
- die Einsatzzeiten der benötigten MitarbeiterInnen aufgelistet (s. Kapitel 3.5 „Ressourcen-Feinplanung: Gesamtübersicht erstellen"),
- Personal- und Sachkosten geplant und dabei die Einmal- und die laufenden Kosten berücksichtigt (s. Kapitel 3.7 „Kosten- und Budgetfeinplanung"),
- die Kosten pro Arbeitspaket ermittelt und dabei berücksichtigt, wer welches Arbeitspaket umsetzt (s. Kapitel 3.7 „Kosten- und Budgetfeinplanung"),
- einen Balkenplan erstellt, der die zeitliche Einordnung der Arbeitspakete bzw. den Projektablauf graphisch darstellt (s. Kapitel 3.8 „Aufgaben- und Zeitfeinplanung: Wer macht was bis wann?").

Daher können Sie nun diese Informationen an die betroffenen MitarbeiterInnen weitergeben und sie im Detail darüber informieren, was bis wann zu tun ist.

4.5.2 Was ist zu tun?

Umsetzung starten

Bei der Zuweisung der Aufgabenstellungen an die einzelnen Projektbeteiligten ist es besonders wichtig, Unsicherheiten zu vermeiden. Diese können sich sowohl auf die Aufgabe bzw. deren Inhalt und Umfang als auch auf Termine und weitere Dinge beziehen.

Sobald etwas unklar ist, führt dies entweder zu Verzögerungen oder sogar Fehlern. Nicht jeder/jede MitarbeiterIn kommt nach einer Aufgabenzuweisung noch einmal zu Ihnen und fragt nach. Viele versuchen zunächst durch eigene Interpretationen, die Unklarheit auszuräumen und passen ihre Arbeit und ihre Lösungsideen entsprechend an.

Die 5 „W"-Fragen

Behalten Sie immer im Auge, dass Sie folgende Fragen eindeutig beantworten *müssen*, wenn Sie Aufgaben verteilen:

Was soll gemacht werden?

Bis wann soll das Ergebnis vorliegen?

Für wen soll die Aufgabe gelöst werden?

Warum ist die Erledigung der Aufgabe notwendig?

Wie soll die Aufgabenstellung gelöst werden?

Diese Informationen sind die Grundlage für die effektive, vollständige und richtige Erfüllung der Aufgabenstellungen zum jeweiligen Termin.

Projekt-Tipp

Weisen Sie in diesem Sinne Verantwortung direkt zu. Beauftragen Sie einzelne Personen direkt mit den entsprechenden Teilbereichen bzw. der Teilaufgabe.

Praxis-Beispiel:

Vermeiden Sie auch in der laufenden Realisierung bei Fragen von MitarbeiterInnen oder neuen Aufgabenstellungen ein Verhalten, bei dem Sie unklare Anweisungen geben wie z. B. „Machen Sie mir bitte eine kurze Zusammenfassung über die letzte Projektteamsitzung". Dies führt bei Auftragnehmerin bzw. Auftragnehmer dazu, dass diese/r natürlich weiß, was zu tun ist.

Wenn Sie allerdings weder bekannt geben, *bis wann* Sie das Ergebnis brauchen, *wem* Sie es vorlegen und *warum* die Zusammenfassung überhaupt notwendig ist, werden Sie sicherlich *irgendwann* eine entsprechende Unterlage bekommen (sofern die beauftragte Person nicht von sich aus nachfragt), aber diese wird im Zweifelsfall kaum Ihren Erwartungen entsprechen. Allein der Hinweis, *für wen* in diesem Fall die Zusammenfassung benötigt wird, hilft der Mitarbeiterin bzw. dem Mitarbeiter, den notwendigen Umfang bzw. die Inhalte besser einschätzen und festlegen zu können.

Projekt-Tipp

Vermeiden Sie also Doppelaufwand, Rückfragen und unklare Anweisungen, indem Sie alle grundlegenden Informationen für die Erfüllung der jeweiligen Aufgabe geben!

4.5.3 Excel-Muster „Aufgabenverteilung"

Geben Sie jeder Projektmitarbeiterin und jedem Projektmitarbeiter folgende Informationen bzw. Übersichten in schriftlicher Form:

Alle Mitar-
beiterInnen
infor-
mieren

- die Aufgabenbereiche und Arbeitspakete (s. Kapitel 3.4 „Aufgabenbereiche und Arbeitspakete planen"),
- die Beschreibungen der Arbeitspakete, die von der entsprechenden Person zu erledigen sind (s. Kapitel 3.4 „Aufgabenbereiche und Arbeitspakete planen"),
- den Balkenplan, der die zeitliche Einordnung der Arbeitspakete bzw. den Projektablauf graphisch darstellt (s. Kapitel 3.8 „Aufgaben- und Zeitfeinplanung: Wer macht was bis wann?").

Die Detail-Beschreibungen zu den einzelnen Tabellen finden Sie in den genannten Abschnitten.

Excel- bzw. Word-Mustervorlage auf Ihrer CD-ROM zum Buch:

Excel: **PM > I-2 Projektarbeitsbereiche**

Word: **PM – AP-Beschreibung**

Excel: **PM > I-4b Zeitplanung Excel-Balkenpl**

Auf dieser Grundlage sollten alle Beteiligten in der Lage sein, die gestellten Aufgaben anzugehen und zeitgerecht zu erledigen.

Projekt-Tipp

Neben der reinen Aufgabenzuweisung und der damit verbundenen Besprechung der gestellten Aufgaben müssen Sie berücksichtigen, dass gerade in der Projektarbeit auch ein besonders kritischer Faktor eine bedeutende Rolle spielt: Die womöglich *falsche* Aufgabenverteilung.

Da die Vorhaben zeitlich genau abgegrenzt bzw. die Umsetzungsdauer vorgegeben ist, müssen Sie folglich diesen Faktor während der gesamten Umsetzungszeit im Auge behalten und ggf. nachsteuern.

KRITISCH: Falsche Aufgabenverteilung

Aufgaben-
verteilung
überprüfen

Dieser Punkt hängt stark mit den bereits genannten zeitlichen Engpässen zusammen: oft kommt es im Verlauf von Projekten dazu, dass kleine oder größere Teilaufgaben nicht direkt an Projektmitglieder verteilt werden können. Wird diese Aufgabe direkt durch die Projektleitung erledigt – denn jemand muss sich schließlich darum kümmern – müssen andere Aufgaben durch die Leitung vernachlässigt werden, und das Scheitern ist durch solche falsche Aufgabenverteilung irgendwann vorprogrammiert (s. Abb. 24).

Abbildung 24: Falsche Aufgabenzuordnung kann schnell zur Überlastung führen oder das Scheitern des Projektes bewirken.

Folgendes hat sich in der Praxis bewährt:

Die Projektleitung muss von der Erledigung direkter Projektaufgaben frei gehalten werden und darf sich ausschließlich mit der Steuerung, Überwachung, Planung und Informationsvermittlung befassen. Alles andere führt zur Überlastung und irgendwann zum Scheitern des Projektes. Hier kann die Beherzigung des (etwas scherzhaft formulierten) Spruches den Erfolg unterstützen: „Wer führt, muss frei sein von Arbeit".

Aktueller Projektstand:
Projektphase 6: Die Projektaufgaben wurden verteilt.

4.6 Realisierung: Umsetzung der Anforderungen

Nachdem alle Projektmitarbeiterinnen und -mitarbeiter ihre Aufgaben erhalten haben, die Arbeitspakete also zugewiesen wurden und Verantwortlichkeiten definiert sind, wird an den verschiedensten Stellen gleichzeitig am Projekt gearbeitet.

Parallel arbeiten

Sofern jetzt noch die Einholung von Angeboten externer Partner oder deren Beauftragung nötig ist, müssen Sie dies zeitgerecht entsprechend des Projektplans durchführen. Achten Sie dabei darauf, dass die Kosten dem vorgegebenen Rahmen entsprechen.

Bei technisch orientierten Projekten gilt immer Folgendes:
Da die Neuentwicklung oder Änderung von Software bzw. der Ersatz oder die Neuinstallation von Hardware keinesfalls die produktive Umgebung beeinflussen dürfen, sollten Sie unbedingt eine **Testumgebung** nutzen. Wichtig dabei ist, dass diese so weit wie möglich den produktiven Bedingungen entspricht. Nutzen Sie Ihre Testumgebung während der Entwicklungsphase so weit wie möglich. Sie haben im Regelfall nämlich keine Möglichkeit, mit Echtdaten oder gerade auch im produktiven System zu „testen".

Die Umsetzung der Lösungen und die notwendigen Tests sollten dabei möglichst ineinander greifen, da es nicht sinnvoll ist, erst die gesamte zu erstellende Software fertig zu schreiben und sie erst danach zu testen. Vielmehr soll jedes einzelne Programmteil bereits so früh wie möglich getestet werden, um sicherzustellen, dass auf einer gesicherten Grundlage weitergearbeitet wird.

Aktueller Projektstand:
Projektphase 6: Die Umsetzung der Anforderungen in der Testumgebung läuft bzw. die Teilmodule werden nach und nach fertiggestellt.

4.7 Laufende Überwachung des Projektfortschritts

4.7.1 Hintergründe und Ziele

In dieser Phase der Umsetzung ist die ständige Überwachung des Projektfortschritts die größte Aufgabe der Projektleitung: Für Sie bedeutet dies, dass Sie Ihre Augen und Ohren überall haben sollten und sich regelmäßig über den jeweils aktuellen Stand informieren müssen.

Alle Teilbereiche überwachen

Behalten Sie dabei gerade auch die Abgrenzungen zwischen den verschiedenen Bereichen im Auge: Bei Projekten, in denen beispielsweise sowohl technische als auch betriebswirtschaftliche Änderungen zu beachten sind, müssen Sie die Erledigung der Teilaufgaben beider Bereiche ständig im Auge behalten. Es kann Auswirkungen auf die jeweils anderen Projektbereiche haben, wenn in einem Teilabschnitt etwas nicht klappt und Verzögerungen eintreten.

4.7.2 Was ist zu tun?

Behalten Sie Folgendes im Blick:

- Projektfortschritt auf der Ebene der Einzelaufgaben: Lassen Sie sich regelmäßig (z. B. wöchentlich) direkt durch den bzw. die Aufgabenverantwortliche/n mitteilen, wie sich der Fertigstellungsgrad der jeweiligen Teilaufgabe entwickelt hat.

- Lassen Sie sich über aufgetretene Verzögerungen und Probleme, aber auch über ggf. vorkommende Beschleunigungen in der Umsetzung informieren.

- Notieren Sie die aufgetretenen Probleme und legen Sie diese bei der nächsten Abfrage des Aufgabenfortschritts wieder vor mit der Frage, ob das Problem gelöst werden konnte.

- Lassen Sie sich im Zweifelsfall die Meldungen über den Fortschritt schriftlich geben, z. B. als regelmäßige E-Mail. So haben Sie etwas in der Hand, sollte es im Nachhinein darum gehen, seit wann bestimmte Probleme bekannt sind.

- Achten Sie speziell auch auf die Qualität der Umsetzung: Werden die gesetzten Ziele auch tatsächlich erreicht? Tipps zur Qualitätssicherung erhalten Sie in Kapitel 5.4 „Begleitende Qualitätssicherung".

Praxis-Hinweis
Weitere Details zur Fortschrittsüberwachung erhalten Sie in Kapitel 5.1 „Projektfortschrittskontrolle".

Da erfahrungsgemäß gerade im Rahmen regelmäßiger Sitzungen auch Konflikte auftreten oder besonders hochgespielt werden, gibt Ihnen das nächste Kapitel Praxis-Tipps wie Sie diese richtig einschätzen und auf Konflikte angemessen reagieren.

Aktueller Projektstand:
Projektphase 6: Die laufende Überwachung des Projektfortschritts ist gesichert.

4.8 Konfliktlösung

4.8.1 Hintergründe und Ziele

Konfliktsituationen gibt es mit Sicherheit in beinahe jedem Projekt. Dies ist normal, denn es arbeiten unterschiedlichste Personen mit verschiedenen Persönlichkeiten an schwierigen Aufgabenstellungen. Dem entsprechend können bei speziellen Fragestellungen, oder auch aus persönlichen Gründen heraus, Konflikte zwischen einzelnen Teammitgliedern oder zwischen einzelnen Mitgliedern und beispielsweise dem Gesamtteam oder der Projektleitung entstehen.

Konflikt-
felder
erkennen
und lösen

Die Ursachen hierfür sind vielfältig und können auf verschiedenen Ebenen liegen. Sie sollten diese kennen, damit Sie entsprechend reagieren können:

- *Zu hoch gesteckte und damit unerreichbare Ziele:* Ursache kann eine „fehlerhafte" Planung sein, die notwendige Erreichung bestimmter betriebswirtschaftlicher Ziele oder die schlichte Ausübung von Druck auf die Beteiligten. **Tipp:** Passen Sie die Zielsetzungen in Abstimmung mit den Projektauftraggebern an.

- *Unklarer Projektauftrag:* Wenn dieser von den Projektbeteiligten unterschiedlich interpretiert wird, kann es schon vor Beginn der eigentlichen Arbeit zu Konflikten über die Herangehensweise oder auch die gesetzten Ziele kommen. Nehmen Sie entsprechende Diskussionen ernst und tragen Sie diese auf den höheren Ebenen vor, denn solche Konflikte neigen dazu, Sie in späteren Phasen im Projekt einzuholen – und zwar genau dann, wenn eigentlich keine Zeit mehr ist, zu reagieren. **Tipp:** Schaffen Sie also zu Beginn des Projekts Klarheit!

- *Schlechte Projektplanung:* Dies kann sowohl die Zeitplanung als auch die Aufgaben und deren Reihenfolge betreffen. Meinungsverschiedenheiten über den „richtigen Weg" können ebenso auftreten wie Vorschläge, ganze Teilbereiche komplett anders zu gestalten. Damit sind dann zumeist Kosten- und Zeitveränderungen verbunden. **Tipp:** Beziehen Sie die MitarbeiterInnen der „Umsetzungsebene" mit ein, um über die Planung zu beraten und solche Probleme zu vermeiden.

- *Mangelnde Ressourcen bzw. eine Überbelastung von Mitarbeitern:* Dies kann bereits beim Umsetzungsstart des Vorhabens vorhanden sein, tritt aber oft erst im Laufe des Verfahrens auf: Zusätzliche Aufgabenstellungen müssen erledigt werden, die Lösung von Problemen dauert länger als vorgesehen, MitarbeiterInnen werden an andere Stellen versetzt oder verlassen den Bereich oder sogar das Unternehmen. So steuern Sie dagegen: Machen Sie auf die Situation und die entsprechenden Auswirkungen aufmerksam und schlagen Sie eine Lösung vor.

- *Arbeitsverteilung:* Stimmt insgesamt die Arbeitsverteilung innerhalb des Projektes nicht, oder wird diese als ungerecht empfunden, so haben Sie direkt auf der Projektleitungsebene die Möglichkeit, gegenzusteuern. Da bei der Aufgabenverteilung sowohl die Fachkenntnisse als auch persönliche Merkmale wie Zuverlässigkeit eine Rolle spielen, ist eine Neuverteilung nicht unbedingt einfach. Vielleicht hilft es auch, Teilaufgaben anderes zu vergeben oder zusätzliches Personal einzubinden.

- *Motivationsprobleme* und *mangelnde Identifikation mit dem Projektauftrag*: Die Beteiligten erledigen zwar ihre Aufgaben, aber es kommt zu Verzögerungen durch mangelnde Umsetzungsgeschwindigkeit. Eventuell werden auch zu klärende Fragen nicht erkannt oder nicht gestellt, und insgesamt läuft das Projekt schleppend. Hier können Sie durch zusätzliche Informationen über den Projektauftrag und seinen Hintergrund helfen, dass die Beteiligten verstehen, warum gerade *ihre* Leistung wichtig ist, um den Erfolg des Vorhabens sicher zu stellen. **Tipp:** Im Extremfall hilft allerdings nur eine andere Aufgabenverteilung oder eine Versetzung der Mitarbeiter.

- *Interessenkonflikte zwischen den Teammitgliedern oder mit der Projektleitung:* Kommt es zu voneinander abweichenden oder komplett gegensätzlichen Interessen, so werden einzelne Beteiligte dazu neigen, ihre individuellen Ziele zu verfolgen. Wenn diese grundsätzlich vom Projektziel abweichen, ist das Scheitern vorprogrammiert. **Tipp:** Versuchen Sie, solche Konflikte zu erkennen und auszuräumen, indem Sie beispielsweise auf die Notwendigkeit der Leistungen jedes Einzelnen für den Projekterfolg hinweisen.

- *Kompetenzkonflikte in Zusammenhang mit einer unklaren Aufgaben- und Kompetenzverteilung:* Dies geschieht hauptsächlich, wenn sowohl die Aufgabenverteilung innerhalb des Teams als auch die Rollenverteilung mit den entsprechenden Kompetenzen und Verantwortungsbereiche unklar ist oder nicht akzeptiert wird. **Tipp:** Hier können Sie relativ einfach gegensteuern, indem Sie genau diese Bereiche eindeutig regeln: Wer macht was und welche Kompetenzen hat jedes Projektmitglied.

- *Konflikte auf der Beziehungsebene*: Es gibt ebenso kleine Beziehungskonflikte wie offene oder verdeckt ausgetragene Macht- und Karrierekämpfe. Auch die Sympathie oder Antipathie zwischen verschiedenen Projektmitgliedern spielt eine Rolle – wenn z. B. „die Chemie" nicht stimmt, wird es immer wieder Probleme geben. In die gleiche Kategorie fallen auch persönliche Vorurteile oder Neid. Auch langjährige Seilschaften, die sich nur untereinander vertrauen und mit Informationen versorgen, können ein Projekt gefährden: Misstrauen, fehlende Informationen oder auch das Ignorieren von Problemen können die Folge sein. **Tipp:** Achten Sie darauf, dass niemand im Team „aus der Reihe tanzt" oder sich komplett abkapselt.

- *Verteilungskonflikte*: Sie entstehen, wenn Ressourcen aufgeteilt werden und Teammitglieder sich ungerecht versorgt fühlen. Hier spielen auch wieder Machtansprüche eine Rolle. **Tipp:** Behalten Sie die Machtansprüche im Auge und prüfen von Zeit zu Zeit die Ressourcenverteilungen.

- *Vorwurf der mangelnde Führungs- und Fachkompetenz an die Projektleitung*: In solchen Fällen fehlt das Vertrauen in die Fähigkeiten der Projektleitung, und damit ist eine effektive, vertrauensvolle Führung und Umsetzung des Vorhabens kaum möglich. **Tipp:** Versuchen Sie an dieser Stelle, die Kompetenzen der Projektleitung sowie die vorhandenen Erfahrungen deutlich zu machen und für die Projektleitung zu werben. Hat dies keinen Erfolg, und es zeichnet sich ein Misserfolg des Vorhabens ab, bleibt als letzte Maßnahme nur, die Stelle der Projektleitung neu zu besetzen.

Beachten Sie: Konflikte *müssen* ausgetragen werden. Es hilft nichts, Probleme zu verschweigen oder gar zu versuchen, sie „auszusitzen". Ungelöste Konflikte werden Sie immer wieder einholen, da sie nicht durch Zeitablauf gelöst werden können, sondern weiter bestehen und sich ggf. sogar noch verstärken. Am schlimmsten sind unterschwellige Konflikte, die oft unbemerkt ablaufen und immer größere Schäden anrichten, bis eine Reaktion kaum noch möglich ist und der Erfolg des Projekts gefährdet wird.

Wichtig: Probleme ansprechen

4.8.2 Wie Sie bereits im Vorfeld Konflikte erkennen

Wie Sie bereits im Vorfeld Konflikte erkennen oder so vorbeugen, dass wenig Konfliktpotential entsteht, zeigen Ihnen die folgenden Lösungsansätze:

Konflikte frühzeitig erkennen

1. Konflikte aufdecken und identifizieren

- Analysieren Sie potenzielle Konfliktherde bereits im Vorfeld. Machen Sie sich Gedanken, an welchen Stellen – oder durch welche Personen – Konflikte ausgelöst werden. Je früher Sie einen Konflikt erkennen, desto effektiver können Sie wirksame Gegenmaßnahmen ergreifen. Konfliktträchtige Situationen sind zum Beispiel gegeben, wenn Mitglieder des Projektteams aus Abteilungen kommen, die unterschiedliche Interessen haben und nicht gut zusammenarbeiten.

- Nehmen Sie Warnsignale auf: Manchmal herrscht bereits in der Gruppe ein aggressives Verhalten, ein unkooperativer Umgangston oder auch mangelnde Kompromissbereitschaft. Auch besonders passives Verhalten in Besprechungen und unterschwellige oder offen ausgeteilte persönliche Angriffe deuten auf schlechte Stimmung hin. Heimtückisch ist auch die „passive Aggressivität", bei der die entsprechenden Personen durch passive Widerstände gegenüber Anforderungen auffallen („Trotzkopf") und übermäßig häufig annehmen, missverstanden, ungerecht behandelt oder übermäßig beansprucht zu werden.

- In Besprechungen können Sie relativ leicht eine Momentaufnahme der Stimmungen erfragen, indem Sie alle Teammitglieder bitten, ihre Stimmung zu beschreiben und wie zufrieden sie mit dem Erreichten sind. Allerdings müssen Sie davon ausgehen, dass nicht jede/r seine Persönlichkeit offenbart, sondern dass einige auch die gerade erwartete Meinung zu ihrer Stimmung vertreten. Versuchen Sie daher, anhand der Körpersprache zu deuten, ob die gegebene Auskunft zutreffend ist.

- Halten Sie persönlichen Kontakt zu allen Teammitgliedern. Je besser Ihre persönlichen Beziehungen zu den Teammitgliedern sind, desto besser wissen Sie Bescheid, was im Team „läuft". Wer als Teamleiter einen guten Draht zu seinen Leuten hat, wird mit Informationen versorgt, auch über Probleme unter der Oberfläche.

2. Konflikte analysieren

- Wenn ein Konflikt entstanden ist, müssen Sie erst einmal genau herausfinden, worum es dabei überhaupt geht (siehe hierzu auch die Konfliktauslöser zu Beginn des Kapitel 4.8 „Konfliktlösung").

- Es ist wichtig zu wissen, wer am Konflikt beteiligt ist und wo die jeweiligen Interessen oder auch Standpunkte und Ziele liegen. Sie merken dies an den vorgebrachten Argumenten der Konfliktpartner.

- Handelt es sich um grundsätzliche Probleme, sollten Sie auf jeden Fall die anderen Projektbeteiligten einbeziehen und beispielsweise eine Sondersitzung des Projektteams ansetzen. In dieser Sondersitzung werden keine fachlichen Fragestellungen behandelt, es geht ausschließlich um die Art und Weise der Zusammenarbeit und den vorhandenen Konflikt.

- Sprechen Sie auch an, wie die Lage durch die Mitglieder eingeschätzt wird und wie z. B. die Leistungsfähigkeit verbessert und die Zielerreichung sichergestellt werden kann. Im Extremfall helfen nur Einzelgespräche, in denen die Situation unter vier oder mehr Augen besprochen und Lösungsansätze diskutiert werden.

3. Konflikte lösen

- Die Lösung des Konflikts ergibt sich auf der Grundlage der offenen Darstellung und Besprechung des Problems – sei es in der Gruppe oder im Einzelgespräch.

- Als Projektleiter übernehmen Sie dabei die Rolle der Gesprächsleitung und -vermittlung. Denken Sie daran, dass Sie ausreichend Zeit einplanen und einen separaten Raum reservieren.

- Wichtig ist, dass der Konflikt ausgeräumt wird. Sind mehrere Teammitglieder betroffen, muss das Team die Lösung mittragen, sonst beginnt das gleiche Probleme kurze Zeit später wieder vorne. Sind Nacharbeiten fällig, sollten diese zügig angegangen und fertig gestellt werden – beispielsweise kann ein kurzer Vermerk dazu geschrieben werden. Danach kann das Tagesgeschäft weitergehen.

- Vermeiden Sie übergestülpte Lösungen, die Sie als Projektleiter gut finden, mit denen aber das Team oder die einzelnen Betroffenen nicht leben können.

- Denken Sie daran: Konflikte in der Projektarbeit sind normal und keine Krise. Ihre Aufgabe ist es nicht, sie zu verhindern, sondern sie zu managen.

Aktueller Projektstand:

Projektphase 6: Konfliktpotenziale in der Projektarbeit wurden betrachtet. Lösungsmöglichkeiten sind bekannt und werden eingesetzt.

4.9 Die Einführungsphase

Sind Umsetzung und Tests erledigt, geht es mit der Einführung der fertigen Lösung weiter. Diese Phase wird auch *Implementierung* oder Rollout genannt, da die Lösung in die vorhandene Umgebung integriert werden muss.

Insgesamt müssen in dieser Zeit folgende Schritte erledigt werden (am Beispiel eines IT-Projektes):

> Einführung der Lösung planen

- Abschlusstests,

- Planung von Rollout bzw. Implementierung inklusive Rollback-Vorbereitungen,

- Integrationstest,

- Abnahme der fertigen Lösung.

4.9.1 Bei IT-Projekten: Abschlusstests

Hintergründe und Ziele

Wenn die Software-Lösung fertig ist, die Hardware aufgebaut und „verdrahtet" wurde und alle Anforderungen der Auftraggeber und der Endanwender umgesetzt wurden, sind letzte Tests nötig, um die Funktionalität und Richtigkeit unter Beweis zu stellen.

Praxis-Hinweis

Unterschätzen Sie die Dauer dieser „letzten Phase" nicht, denn oft müssen noch Testdaten geändert und die Ergebnisse geprüft („ausgehakt") werden. Womöglich fallen Fehler erst an dieser Stelle auf und müssen ausgebügelt werden. Eventuell wird ein weiterer Abschlusstest nötig.

Planen Sie daher lieber etwas großzügiger, sofern dies innerhalb der Gesamtplanung möglich ist!

Was ist zu tun?

Test zur Mängelaufdeckung

In der Praxis hat sich gezeigt, dass verschiedene Schritte unbedingt eingehalten werden müssen, wenn es um die Einführung von Veränderungen an Hard- und Software geht: Sie dazu folgende Checkliste.

Word-Muster „Checkliste für den Abschlusstest"

Die folgende Checkliste können Sie in Word laden, an Ihre Anforderungen anpassen und ausdrucken. Schritt für Schritt prüfen Sie, ob die aufgeführten Punkte abgeschlossen sind.

Word-Mustervorlage auf Ihrer CD-ROM zum Buch:

PM – Checkliste Abschlusstest

Checkliste für den Abschlusstest	
Testumgebung nutzen: Beachten Sie, dass Sie nicht unbedingt die Möglichkeit haben, im laufenden Betrieb neue Komponenten zu testen. Sie dürfen also auf keinen Fall den produktiven Betrieb stören, um Tests für die neuen Verfahren durchzuführen. Nutzen Sie Ihre Testumgebung und achten Sie darauf, dass diese die produktive Umgebung so gut wie möglich abbildet.	
Testdaten überprüfen und ggf. an die Erfordernisse anpassen.	
Abläufe prüfen, besonders deren zeitliche Abfolge und die jeweils benötigten Daten.	
Absprache mit den weiteren Testbeteiligten (aus der EDV-Abteilung und auch den Fachabteilungen), damit diese in der letzten Testphase auch tatsächlich zur Verfügung stehen.	
Abstimmung mit Rechenzentrum und Fachabteilungen.	
Prüfung der Einsatzbereitschaft der benötigten (neuen) Hardware.	
Sicherung aller Datenbestände vor Beginn des Abschlusstests.	
Festlegung des genauen Startzeitpunkts des Abschlusstests.	
Verteilung der Aufgaben an die Testbeteiligten sowie die einzubeziehenden Vorgesetzten (wegen der Rückmeldung über Richtigkeit oder Fehler des Verfahrens).	
Vorbereitung eines Testprotokolls.	

Projekt-Tipp

Bewahren Sie die Checkliste für den Abschlusstest in Ihren Projektunterlagen auf, um später nachweisen zu können, welche Arbeitsschritte geplant waren und durchgeführt wurden.

Hinterlegen Sie die Checkliste dabei mit ergänzenden Unterlagen, die ggf. von den entsprechenden MitarbeiterInnen abzuzeichnen sind.

Sobald der Abschlusstest erfolgreich durchgeführt wurde, gehen Sie an die Rollout- und Rollback-Planung.

Aktueller Projektstand:

Projektphase 6: Der Abschlusstest wurde erfolgreich durchgeführt.

4.9.2 Rollout- und Rollback-Planung

Hintergründe und Ziele

Jetzt geht es in die heiße Phase der Einführung: Der so genannte *Rollout* wird vorbereitet, an dessen Ende ggf. der Integrationstest steht (sofern dieser nicht schon zuvor abgewickelt werden konnte), und die fertige Lösung sollte anschließend „in Produktion" sein.

Was ist zu tun?

Die Vorbereitung des Rollouts kann jedoch – je nach Größenordnung der einzuführenden Lösung – ihre Tücken haben und will genau vorbereitet werden:

Vorbereitung mit Checklisten

Word-Muster „Checkliste zur Rollout-Planung"

Sowohl die Checklisten für die Rollout-Planung als auch die Checkliste für die Rollback-Planung liegen mit einem Klick auf der CD-ROM zum Buch für den sofortigen Einsatz zur Verfügung.

Word-Mustervorlage auf Ihrer CD-ROM zum Buch:

PM – Checkliste Rollout-Rollback-Planung

Checkliste zur Rollout-Planung	
Sie müssen im Rollout-Plan genau beschreiben, wie und auf welchen Wegen die geänderte Software oder auch neue Hardware „nach draußen", also in den produktiven Betrieb, gebracht wird. Dies kann z. B. bedeuten, minutengenaue Zeitpläne zu erstellen, in denen verzeichnet ist, wann welcher Geschäftsbereich (oder welche Filiale) mit der neuen Software oder Hardware ausgestattet wird und wie diese dorthin gelangt.	

Checkliste zur Rollout-Planung	
Abhängigkeiten zwischen Geschäftsbereichen müssen bedacht werden. Manchmal ist es notwendig, eine bestimmte Filiale oder auch mehrere Abteilungen *vor* anderen umzustellen.	
Denken Sie an den möglicherweise vorhandenen Kundenbetrieb. Dieser darf nach Möglichkeit nicht beeinträchtigt werden.	
Auch die evtl. notwendige elektronische Software-Verteilung muss geregelt werden: wann kann diese stattfinden, wie wird dadurch das Netzwerk belastet und ist das Tagesgeschäft beeinträchtigt? Legen Sie entsprechende Prozesse ggf. in die Abend- oder Nachtstunden oder auch in das Wochenende.	
Legen Sie fest, welches Personal Sie benötigen. Dabei ist je nach einzuführendem Verfahren auch zu planen, wer wann an welchen Standorten ist – z. B. um direkt am Geldautomaten zu prüfen, ob die neue Anwendung bei diesem angekommen ist und installiert wurde.	
Denken Sie auch an notwendige Partner wie die interne oder externe Revisionsabteilung, die für neue Freigaben zur Verfügung stehen müssen.	
Planen Sie die notwendigen Arbeitszeiten, und melden Sie rechtzeitig die notwendigen Überstunden an.	
Achten Sie auf Öffnungszeiten von Filialen und mögliche Beeinträchtigungen.	
Prüfen Sie, ob ein Parallelbetrieb zwischen alter und neuer Anwendung möglich ist. Dies kann das Verfahren zwar nicht unbedingt vereinfachen, Sie haben dadurch aber die Möglichkeit, ohne größere Probleme auf die alte Anwendung zurückzugehen, wenn die neue nicht funktionieren sollte.	
Planen Sie genau, wann der Produktivbetrieb unterbrochen werden muss. Achten Sie darauf, die Datenbestände und die „alten" Software-Versionen zu sichern und für einen möglichen Rollback vorzuhalten.	
Legen Sie fest, in welcher Reihenfolge die Systemlast in das neue System kommt, d. h. wie der Echtbetrieb mit den Anwendern und ggf. Kunden aufgenommen wird.	
Stellen Sie die Dokumentationen, Testablaufbeschreibungen und Testprotokolle bereit, um im Bedarfsfall schnell nachschauen zu können.	
Legen Sie fest, wann und wie Sie erkennen können, ob der Rollout erfolgreich war.	
Sprechen Sie die Informationsübermittlung an die EntscheidungsträgerInnen ab. Legen Sie auch fest, wie und wann entschieden wird, ob die Umstellung erfolgreich war.	
Auch diese Phase des Rollouts muss detailliert mit den Beteiligten bzw. den Betroffenen abgestimmt werden, damit alles klappt.	
Informieren Sie Ihre Kunden über die anstehende Umstellung, um Beschwerden zu vermeiden.	
Bieten Sie Ausweichlösungen für den Zeitraum der Betriebsunterbrechung an.	

Ein Beispiel aus der Praxis:

Für die Verteilung der geänderten Software auf die PCs der Endanwender kann es notwendig sein, die Geräte über Nacht angeschaltet zu lassen, damit die Verteilung ungestört ablaufen kann. Wissen die Betroffenen nichts davon, dass sie ihre PCs eingeschaltet lassen sollen, findet die SoftwareVerteilung womöglich während der normalen Arbeitszeit statt. Dies führt zu unnötigem Verbrauch mehrere Personentage, da alle Mitarbeiter vor ihren PCs warten, bis die entsprechenden Abläufe vollendet sind. Dies verursacht unnötig Kosten und Betriebsausfälle!

Praxis-Hinweis

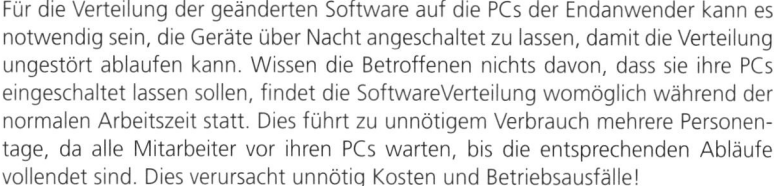

Ein entscheidender Punkt der Rollout-Planung sind auch die Überlegungen darüber, was passiert, wenn die Inbetriebnahme der neuen Hard- und/oder Software fehlschlägt. Sie müssen in einem solchen Ernstfall so schnell wie möglich auf die „alte" Anwendung zurück und alles entsprechend vorbereiten.

Wenn durch den Rollout die bisherige Anwendung „überschrieben" wird, es also keinen Parallelbetrieb zwischen alt und neu gibt, kann ein notwendiger Rollback so ähnlich verlaufen wie die Integration der neuen Anwendung: Die alte Hard- und Software muss komplett wieder aktiviert und produktiv gemacht werden.

Checkliste zur Rollback-Planung	
Personalbedarf einplanen: Wen brauchen Sie, der/die sich speziell mit der „alten" Anwendung auskennt? Planen Sie die entsprechenden Personen ein.	
Achten Sie darauf, die Dokumentationen der „alten" Anwendung bereit zu stellen, und zwar nach Möglichkeit inklusive Netzwerkstrukturplan und Ablaufplänen.	
Stellen Sie sicher, dass alle „alten" Datenbestände gesichert wurden, und dass der Produktivbetrieb während dieser Zeit unterbrochen war.	
Legen Sie die genaue Reihenfolge fest, in der ein Rollback ablaufen muss.	
Diskutieren und beschreiben Sie exakt, wie überhaupt erkannt wird, dass ein Rollback notwendig ist, und wie bzw. an wen die entsprechende Information weiter gegeben wird. Es kann auch notwendig sein, die entsprechenden EntscheidungsträgerInnen festzulegen, die in einem solchen Fall das Vorgehen bestimmen.	

Praxis-Hinweis

Da Rollbacks sehr speziell sind, steht auf Ihrer Buch-CD-ROM kein allgemein gültiges Muster zur Verfügung. Gehen Sie anhand der Checklisten für Rollout- und Rollback-Planung vor und stellen Sie auf dieser Basis eine Übersicht für Ihr Projekt zusammen.

Aktueller Projektstand:

Projektphase 6: Die Rollout- und Rollback-Planung ist erstellt. Der Rollout ist durchgeführt und abgeschlossen.

4.9.3 Integrationstest

Hintergründe und Ziele

Unter einem Integrationstest wird die Prüfung der neuen Anwendung inklusive Hard- und Software in einer Umgebung verstanden, die dem Echtbetrieb entspricht.

Ein so genannter *Integrationstest* kann auch schon in der letzten Phase des Tests erfolgen – und dies ist in den meisten Fällen auch sinnvoll. Dies bedeutet, dass auch durchaus „Last" auf das System kommt, indem viele AnwenderInnen gleichzeitig damit arbeiten (oder der Kundenbetrieb nach und nach aufgenommen wird).

Es kann nötig sein, den Integrationstest abschließend erneut durchzuführen, wenn eine komplette Anwendung bereits in den Produktivbetrieb gegangen ist.

Was ist zu tun?

Selbst wenn nur Teilbereiche eines größeren Verfahrens geändert werden, kann ein kompletter Integrationstest notwendig sein: Immerhin können sich Datenformate ändern oder ganz einfach auch nur die Zeitpunkte, zu denen Daten zur Verfügung stehen. Bereits dadurch kann es im laufenden Betrieb dazu kommen, dass, obwohl alles richtig programmiert wurde, das Verfahren ins Stocken gerät und nachgebessert werden muss.

Word-Muster : Checkliste „Integrationstest"

Öffnen Sie die Muster-Checkliste in Word – hier können Sie sie schnell ändern und ergänzen. Kennzeichnen Sie jede erledigte Aufgabe; so sind Sie bzgl. des Integrationstests immer auf dem Laufenden.

Word-Mustervorlage auf Ihrer CD-ROM zum Buch:

PM – Checkliste Integrationstest

Checkliste Integrationstest	
Testen Sie im Produktivbetrieb zunächst einige zentrale Funktionen (in der Bankanwendung z. B., ob Sie Geld am Geldautomaten bekommen, eine Kontoabfrage möglich ist oder ob das Homebanking richtig funktioniert).	
Prüfen Sie die Systemlast. Sind alle Komponenten wie geplant ausgelastet, oder treten Spitzen auf, die zu Verzögerungen in der Abwicklung, langsamer Reaktion oder sonstigen Phänomenen führen?	
Erhöhen Sie nach und nach die Systemlast.	

Checkliste Integrationstest	
Prüfen Sie die Datenbestände auf Integrität. Wenn sich Daten- oder Datei- formate und Übertragungsprotokolle geändert haben: Prüfen Sie anhand von Beispielen die Richtigkeit.	
Prüfen Sie, ob die notwendigen Hintergrundabläufe in der richtigen Reihenfolge ablaufen und die gewünschten Ergebnisse erzielen.	

Projekt-Tipp

Nehmen Sie die Liste zu Ihrer Projektdokumentation, um später den Verlauf exakt nachweisen zu können. Ergänzen Sie die Checkliste mit zusätzlichen Unterlagen, die ggf. von den entsprechenden ProjektmitarbeiterInnen abzuzeichnen sind.

Aktueller Projektstand:

Projektphase 6: Der Integrationstest im Produktionsbetrieb ist durchgeführt. Feh- lerzustände und Änderungsbedarfe sind ermittelt.

Zusammenfassung

Abschlusstest, Rollout- und Rollback-Planung und Integrationstest im Echtverfah- ren stellen den wichtigsten Meilenstein auf dem Weg zum Abschluss des Vorha- bens dar.

4.10 Abnahme der fertigen Lösung

4.10.1 Hintergründe und Ziele

Hat der Rollout geklappt, und alle Anwendungsteile sind im produkti- ven Betrieb, muss noch die *formelle Abnahme des Systems* erfolgen. Hierfür müssen Sie Ihre Auftraggeber explizit einbeziehen und die Erreichung des gewünschten Leistungsumfangs sowie das nach Vorgabe erzielte Qualitätsniveau attestieren lassen.

Ergebnis offiziell abnehmen

Abbildung 25: Denken Sie daran, dass Ihre Auftraggeber das Endergebnis abnehmen müssen.

Es kann durchaus vorkommen, dass auch hierfür eine längere (mehrtägige oder sogar mehrwöchentliche) Zeitspanne angesetzt werden muss, da die Abnahmeerklärung die Anwendung letztlich für „in Ordnung" erklärt und die geleistete Arbeit positiv bescheinigt (s. Abb. 25).

Abnahme
proto-
kollieren

Die Abnahmeerklärung sollte daher auf jeden Fall schriftlich erfolgen, damit Sie einen Nachweis haben. Bereiten Sie ein entsprechendes Abnahmeprotokoll (s. Word-Muster „Abnahmeprotokoll" unten) vor: In diesem halten Sie die Ergebnisse der Abnahmeprüfung schriftlich fest.

Das Abnahmeprotokoll bildet die Grundlage, für spätere Nachforderungen durch den Auftraggeber. Daher sollte das Abnahmeprotokoll eindeutig darstellen, welche Merkmale und Leistungen vertraglich vereinbart und für eine erfolgreiche Abnahme zwingend erforderlich sind.

Projekt-Tipp

Achten Sie darauf, dass zusätzlich diejenigen Leistungen genannt werden, die als Add-Ons vereinbart wurden und im Fehlerfall eine erfolgreiche Abnahme nicht verhindern. Durch diese Aufteilung kann das Abnahmeprotokoll für spätere Regressanforderungen entscheidend sein und auch die Grundlage für gerichtliche Auseinandersetzungen bilden.

4.10.2 Was ist zu tun?

Folgende Aufgaben müssen in Zusammenhang des Abnahmeprotokolls durchgeführt werden:

- Lassen Sie das Abnahmeprotokoll von den entsprechenden KompetenzträgerInnen unterzeichnen.
- Binden Sie ggf. die Revisionsabteilung bzw. das Rechnungsprüfungsamt in die Abnahmeprüfung mit ein.

4.10.3 Word-Muster „Abnahmeprotokoll"

Ein für den sofortigen Einsatz vorgesehenes Abnahmeprotokoll finden Sie auf der CD-ROM zum Buch. Rufen Sie das Word-Dokument auf, ändern Sie den einen oder anderen Eintrag ab oder ergänzen Sie die Liste.

Heften Sie die ausgefüllte und unterschriebene Liste bei Ihrer Projektdokumentation ab.

Word-Mustervorlage auf Ihrer CD-ROM zum Buch:

PM – Abnahmeprotokoll

Checkliste „Abnahmeprotokoll":

Abnahmeprotokoll (Muster)		

Bezug: Projekt: _____
              Vertrag Nr.   _____
              vom _____		

Von den Vertragsparteien Herrn/Frau/Firma _____ und Herrn/Frau/Firma _____ wurde folgendes Abnahmeprotokoll gemeinsam erstellt:		
Projektbezeichnung:		
Eingesetzte Hardware:		
Bezeichnung:		
Technische Daten/ Versionsnummern:		
Funktionsbeschreibung:		
Geprüfte und als einwandfrei er- kannte Funktionen:		
Vertraglich vereinbart und Voraussetzung für die erfolgreiche Abnahme:	☐ Funktion 1: _____ ☐ Funktion 2: _____ … ☐ Funktion n: _____	
„Add-Ons", die eine erfolgreiche Abnahme nicht verhindern:	☐ Funktion 1: _____ ☐ Funktion 2: _____ … ☐ Funktion n: _____	
Geprüfte und als fehlerhaft erkann- te Funktionen:		
Vertraglich vereinbart und Voraussetzung für die erfolgreiche Abnahme:	☐ Funktion 1: _____ ☐ Funktion 2: _____ … ☐ Funktion n: _____	
„Add-Ons", die eine erfolgreiche Abnahme nicht verhindern:	☐ Funktion 1: _____ ☐ Funktion 2: _____ … ☐ Funktion n: _____	

Fehlende Funktionen:	
Vertraglich vereinbart und Voraussetzung für die erfolgreiche Abnahme:	☐ Funktion 1: _____ ☐ Funktion 2: _____ … ☐ Funktion n: _____
„Add-Ons", die eine erfolgreiche Abnahme nicht verhindern:	☐ Funktion 1: _____ ☐ Funktion 2: _____ … ☐ Funktion n: _____

Eingesetzte Software:	
Bezeichnung:	
Versionsstand:	
Geprüfte und als einwandfrei erkannte Funktionen:	
Vertraglich vereinbart und Voraussetzung für die erfolgreiche Abnahme:	☐ Funktion 1: _____ ☐ Funktion 2: _____ … ☐ Funktion n: _____
„Add-Ons", die eine erfolgreiche Abnahme nicht verhindern:	☐ Funktion 1: _____ ☐ Funktion 2: _____ … ☐ Funktion n: _____
Geprüfte und als fehlerhaft erkannte Funktionen:	
Vertraglich vereinbart und Voraussetzung für die erfolgreiche Abnahme:	☐ Funktion 1: _____ ☐ Funktion 2: _____ … ☐ Funktion n: _____
„Add-Ons", die eine erfolgreiche Abnahme nicht verhindern:	☐ Funktion 1: _____ ☐ Funktion 2: _____ … ☐ Funktion n: _____
Fehlende Funktionen:	
Vertraglich vereinbart und Voraussetzung für die erfolgreiche Abnahme:	☐ Funktion 1: _____ ☐ Funktion 2: _____ … ☐ Funktion n: _____

„Add-Ons", die eine erfolgreiche Abnahme nicht verhindern:	☐ Funktion 1: _____ ☐ Funktion 2: _____ … ☐ Funktion n: _____

Eingesetzte Abläufe:	
Bezeichnung:	
Versionsstand:	
Geprüfte und als einwandfrei erkannte Funktionen:	

Vertraglich vereinbart und Voraussetzung für die erfolgreiche Abnahme:	☐ Ablauf 1: _____
	    Zeitpunkt(e): _____
	    Intervall: _____
	
	 ☐ Ablauf 2: _____
	    Zeitpunkt(e): _____
	    Intervall: _____
	 …
	 ☐ Ablauf n: _____
	    Zeitpunkt(e): _____
	    Intervall: _____

„Add-Ons", die eine erfolgreiche Abnahme nicht verhindern:	☐ Ablauf 1: _____
	    Zeitpunkt(e): _____
	    Intervall: _____
	
	 ☐ Ablauf 2: _____
	    Zeitpunkt(e): _____
	    Intervall: _____
	 …
	 ☐ Ablauf n: _____
	    Zeitpunkt(e): _____
	    Intervall: _____

Geprüfte und als fehlerhaft erkannte Funktionen:	

Vertraglich vereinbart und Voraussetzung für die erfolgreiche Abnahme:	☐ Ablauf 1: _____
	    Zeitpunkt(e): _____
	    Intervall: _____
	
	 ☐ Ablauf 2: _____
	    Zeitpunkt(e): _____
	    Intervall: _____
	 …
	 ☐ Ablauf n: _____
	    Zeitpunkt(e): _____
	    Intervall: _____

„Add-Ons", die eine erfolgreiche Abnahme nicht verhindern:	☐ Ablauf 1: _____ Zeitpunkt(e): _____ Intervall: _____ ☐ Ablauf 2: _____ Zeitpunkt(e): _____ Intervall: _____ … ☐ Ablauf n: _____ Zeitpunkt(e): _____ Intervall: _____
Fehlende Funktionen:	
Vertraglich vereinbart und Voraussetzung für die erfolgreiche Abnahme:	☐ Ablauf 1: _____ Zeitpunkt(e): _____ Intervall: _____ ☐ Ablauf 2: _____ Zeitpunkt(e): _____ Intervall: _____ … ☐ Ablauf n: _____ Zeitpunkt(e): _____ Intervall: _____
„Add-Ons", die eine erfolgreiche Abnahme nicht verhindern:	☐ Ablauf 1: _____ Zeitpunkt(e): _____ Intervall: _____ ☐ Ablauf 2: _____ Zeitpunkt(e): _____ Intervall: _____ … ☐ Ablauf n: _____ Zeitpunkt(e): _____ Intervall: _____

Abnahmezeitpunkt/-dauer	

Die Richtigkeit der obigen Angaben wird bestätigt	Datum: _____ Unterschrift(en): _____ Name(n) im Klartext: _____

Die erfolgreiche Abnahme wird ☐ bestätigt ☐ nicht bestätigt	Datum: _____ Unterschrift(en): _____ Name(n) im Klartext: _____

Aktueller Projektstand:
Projektphase 6: Das Projektergebnis bzw. die fertige Lösung wurde offiziell abgenommen.

4.11 Produktivbetrieb

4.11.1 Hintergründe und Ziele

Nach erfolgter Abnahme ist das Verfahren im Produktivbetrieb und muss sich im Tagesgeschäft bewähren. Dabei wird das neue Verfahren wahrscheinlich innerhalb kurzer Zeit in allen seinen Funktionen eingesetzt und Fehlerzustände werden sehr schnell auffallen. Rechnen Sie damit, dass vergleichsweise schnell Änderungswünsche anfallen und bearbeitet werden müssen: so genannte „Problemmeldungen" und „Change Requests" tauchen auf – Details hierzu lesen Sie in Kapitel 4.12.2 „Change Requests und Problemmeldungen".

Änderungswünsche bearbeiten

Die Vorbereitungen für einen transparenten und möglichst störungsfreien Produktivbetrieb treffen Sie durch die Erstellung eines *Betriebskonzepts*, das Sie üblicherweise parallel zur Integration der Anwendung erstellt haben.

Laufenden Betrieb beschreiben

Welche Punkte ein Betriebskonzept beinhalten sollte, zeigt Ihnen das folgende Kapitel.

4.11.2 Betriebskonzept erstellen

Hintergründe und Ziele

Spätestens nachdem alles implementiert und in produktiven Betrieb gebracht wurde, sollten Sie noch ein so genanntes Betriebskonzept erstellen. Dieses beschreibt, wie das System grundlegend funktioniert und wie es im laufenden Betrieb zu handhaben ist.

Funktionsweise erläutern

Was ist zu tun?

- Welche Schritte sind täglich oder in anderem Rhythmus zu erledigen, um das System am Leben zu erhalten?
- Stellen Sie die grundlegenden technischen Daten dar (z. B. Systemname, IP-Adressen, Telefonnummer des Fernwartungsmodems etc.).
- Auch muss in einem solchem Konzept dargestellt werden, wie Krisen zu bewältigen sind: Wer muss ggf. wie und wann eingreifen? Nennen Sie die Ansprechpartner in einer kurzen Übersicht. Erstellen Sie ggf. einen Krisenplan.

Regelmäßige Abläufe planen

Hilfreich kann es auch sein, im Betriebskonzept die bisher aufgetretenen Fehler mit deren Ursachen und der Behebung detailliert in Form von Schritt-für-Schritt-Anleitungen zu beschreiben.

Dies ist vor allem für diejenigen Mitarbeiter sehr nützlich, die nicht regelmäßig mit dem Verfahren umgehen und es beispielsweise als Urlaubsvertretung betreuen. Sie selbst haben den Vorteil, automatisch eine gute Dokumentation vorliegen zu haben.

Excel-Muster „Krisenplan"

Abläufe für Krisen

Für das Betriebskonzept gibt es kein allgemein gültiges Muster, dazu sind die Projekte zu unterschiedlich. Einen für Krisenfälle gedachten kurzen Plan über die zur Verfügung stehenden Ansprechpartner steht Ihnen mit dem Excel-Sheet **II-3 Krisenplan** zur Verfügung.

In dieser Übersicht müssen Sie lediglich die Namen und Telefonnummern eintragen sowie die Erreichbarkeitszeiten eintragen.

Am besten, Sie bewahren eine Kopie der Liste bei Ihrer Projektdokumentation auf – machen Sie die Übersicht allen ProjektmitarbeiterInnen bekannt. Bewahren Sie ggf. Vorversionen auf, um später nachweisen zu können, wer wann hätte erreichbar sein müssen.

Excel-Mustervorlage auf Ihrer CD-ROM zum Buch:

PM > II-3 Krisenplan

Der Krisenplan im Überblick:

Krisenplan (Muster)		
Projektbezeichnung:	_____	
Vertrag Nr.	_____	
vom	_____	
Im Krisenfall sind zu benachrichtigen		
Name	Telefonnummer	Erreichbarkeitszeiten
Herr Meier	0123 / 45 67 89 0170 / 98 76 54 32	Sa. 09:00–14:00 So. 10:00–12:00
Frau Schulze	0123 / 98 54 32 1 0175 / 12 34 56 78 9	Sa. 09:00–15:00 So. 10:00–12:00
Herr Schmidt	0125 / 42 86 97 0172 / 23 45 32 10	Sa. 09:00–15:00 So. 10:00–12:00
Rechenzentrum	0123 / 987-2345 0178 / 67 89 12 3	Mo–Fr. 07:00–18:00 Sa. 12:00–14:00

Aktueller Projektstand:

Projektphase 6b: Das Betriebskonzept wurde erstellt.

Zusammenfassung

Nach der Umsetzung und dem erfolgreichen Rollout erfolgt die Abnahme der fertigen Lösung. Beschreiben Sie im Abnahmeprotokoll die grundsätzlichen Funktionen der Anwendung und deren Ablauf. Beschreiben Sie ggf. auch spezielle Details, die von besonderer Wichtigkeit sind, oder die besonders vertraglich vereinbart wurden. Insgesamt muss aus dem Abnahmeprotokoll ersichtlich sein, dass alle vereinbarten Funktionen auch gesichert funktionieren. Funktionen, die nicht umgesetzt wurden oder die nicht wie vereinbart funktionieren, müssen deutlich gekennzeichnet werden. Ein Zeitplan für Nacharbeiten und deren Erledigung ist schriftlich zu vereinbaren.

Für den Produktivbetrieb ist es notwendig, ein Betriebskonzept zu erstellen und darin die laufende Betreuung inklusive der regelmäßigen und unregelmäßigen Abläufe zu beschreiben.

Erstellen Sie zusätzlich einen Notfall- bzw. Krisenplan und achten Sie darauf, welche MitarbeiterInnen zu involvieren sind, und wann und wie sie zu erreichen bzw. zu benachrichtigen sind.

4.11.3 Projektabschluss und Projektergebnis

Das Ende eines Projekts zu erkennen bzw. festzulegen ist nicht so leicht, wie es aussieht: Die neue oder geänderte Anwendung wurde eingeführt, läuft im Produktivbetrieb und ist abgenommen worden. Sie als Projektleiter nehmen in dieser Phase evtl. Änderungen vor oder planen bereits die Umsetzung neuer Anforderungen. Dies fällt eher in den Bereich „Wartung", und nicht mehr in die Umsetzungsphase.

Aufgaben am Projektende

Die ProjektmitarbeiterInnen haben vielleicht wieder neue Aufgaben, oder sie wenden sich ihrem Tagesgeschäft zu, sodass ein „richtiger" Projektabschluss kaum erkennbar ist. Funktioniert alles gut, neigt auch die Unternehmensleitung dazu, dies hinzunehmen und gar keinen Abschluss im eigentlichen Sinne herbeizuführen. Dieser taucht höchstens schriftlich im nächsten Bericht an den Vorstand auf.

Es müssen noch wichtige Abschlussarbeiten erledigt werden. Achten Sie darauf, dass die Abschlussphase nicht unterbewertet wird.

Was ist zu tun?

In der Abschlussphase konzentrieren sich die Aufgaben der Beteiligten auf die komplette Fertigstellung und Überprüfung der jetzt noch unabgeschlossenen Arbeitspakete. Hierzu gehören auch Aufgaben, die durchaus etwas mehr Aufwand erfordern:

- Erstellung des Abschlussberichts.

- Vorbereitung einer letzten Ergebnispräsentation.
- Zusammenstellen, ordnen und ablegen aller Projektunterlagen im Sinne einer ordentlichen Dokumentation.
- Bei öffentlich geförderten Vorhaben: Erstellung, Abstimmung und Einreichung des Endverwendungsnachweises.

Geordneter Projektabschluss

Zu einem geordneten Projektabschluss gehört aber noch mehr. Prüfen Sie, ob die folgenden Schritte durchgeführt wurden bzw. die entsprechenden Dokumente vorliegen und sorgen Sie so dafür, dass für alle Beteiligten ein sauberer Abschluss gegeben ist:

Checkliste Abschlussarbeiten	
Einigung mit dem Auftraggeber über noch zu erbringende Leistungen.	
Behebung von Restmängeln. Dies ist entscheidend, um keine „Altlasten" mitzunehmen, die Sie später wieder einholen. Sonst werden Sie das Projekt nämlich nie los und müssen immer wieder für Wartungen oder Fehlerbehebungen einspringen.	
Präsentation und Übergabe der Projektergebnisse an die Auftraggeber.	
Erhalt der offiziellen Abnahme durch die Auftraggeber.	
Ergebnisdokumentation. Denken Sie dabei daran, diese auch an die Beteiligten und die Auftraggeber weiter zu geben.	
Definieren Sie das Projektende formell, z. B. durch eine Abschlussveranstaltung mit allen Beteiligten.	
Aufbereitung der Projektergebnisse für die Öffentlichkeitsarbeit.	
Im öffentlichen Bereich: Evaluation, d. h. die Analyse von Soll- und erreichtem Ist-Zustand inklusiver Bewertung des Projekterfolges.	
Analyse der Projektabwicklung. Wo sind Probleme aufgetreten, was hat diese verursacht. Wie kann für das nächste Projekt vorgebeugt werden?	
Wiedereingliederung der Projektmitarbeiter. Die Beteiligten müssen jetzt in ihre „normale" Arbeit zurückkehren und das Tagesgeschäft weiter führen. Dank für die geleistete Arbeit ist das Mindeste, was jetzt noch ausgesprochen werden muss.	

Aktueller Projektstand:
Projektphase 7: Das Projekt wurde abgeschlossen, und ggf. notwendige Nachfolgearbeiten wurden beschrieben.

Word-Muster „Abschlussarbeiten"

Abschlussarbeiten nach Plan ausführen

Die Checkliste für die Abschlussarbeiten steht Ihnen als Word-Dokument zur Verfügung. Rufen Sie die Checkliste auf und ergänzen Sie die Aufstellung je nach Anforderungen Ihres Projektes. So können Sie Schritt-für-Schritt alle Abschlussaufgaben durch sehen und nach Erledigung kennzeichnen.

Wurden alle Aufgaben erledigt, drucken Sie die Liste aus und bewahren Sie bei Ihrer Projektdokumentation auf.

> Word-Mustervorlage auf Ihrer CD-ROM zum Buch:
>
> **PM – Abschlussarbeiten**

4.12 Wartung und Betreuung im laufenden Betrieb

Diese Phase beginnt, sobald das neue bzw. geänderte System von den Endanwendern im Tagesbetrieb benutzt wird. In dieser Zeit wird erwartet, dass keine Programm- oder Rechnerabstürze und keine größeren Programmfehler mehr vorkommen.

Tagesbetrieb überwachen

Die Systempflege bzw. *Wartung* besteht jetzt darin, das System einerseits am Laufen zu halten, es um neue Funktionen zu erweitern oder die vorhandenen Funktionen neuen Anforderungen anzupassen.

4.12.1 Was ist zu tun?

Verschiedene tägliche bzw. regelmäßig durchzuführende Aufgaben fallen in Bezug auf die Wartung an. Diese müssen Sie bei der Planung des Projekts (bzw. des anschließenden laufenden Betriebs) berücksichtigen, denn es kann sich um Aufgaben handeln, die bisher *nicht* durchgeführt wurden und zusätzliches Personal, Schulungen oder auch andere Ressourcen bis hin zu Administrationskonsolen erfordern:

* Protokolle müssen geprüft werden.
* Speicher- und Ressourcenverbräuche sind zu überwachen.
* Reorganisationen von Speicherplatz und Datenbeständen/Datenbanken sind durchzuführen.
* Neue BenutzerInnen sind zuzulassen bzw. nicht mehr aktive BenutzerInnen zu sperren.
* Fragen der AnwenderInnen müssen beantwortet werden.
* Probleme im produktiven Betrieb müssen gelöst werden, indem z. B. Betriebszustände nachvollzogen oder Protokolle ausgewertet werden.
* Fehlerzustände müssen nachvollzogen und behoben werden (bzw. es ist zunächst zu prüfen, ob es sich überhaupt um einen Fehler handelt).
* Schulungen von neuen MitarbeiterInnen sind vorzubereiten. Achten Sie darauf, dass diese durchgeführt werden.

Die Zeit der Betreuung umfasst in diesem Sinne also auch Leistungen des Supports durch die Datenverarbeitung. Denken Sie daran, dass ein so genannter

* First-Level-Support sowie ein
* Second-Level-Support

eingerichtet werden, um den täglichen Ablauf zu sichern und auch spezielle Fragestellung, Probleme und Krisen zu bewältigen. Der Second-Level-Support ist zumeist durch die Entwickler zu leisten, sodass auch Sie persönlich damit betraut werden können.

Überwachung rund um die Uhr

Es kann auch sinnvoll und notwendig sein, die Überwachung und Wartung des Systems über 24 Stunden täglich und 7 Tage in der Woche zu organisieren. Sie benötigen dann entweder entsprechende „Schichten" von MitarbeiterInnen, die jeweils Dienst tun, oder Sie richten mobile Rechner ein, die von den jeweils mit der Überwachung betrauten MitarbeiterInnen mitgenommen werden können. Durch die Einwahl beispielsweise über ein VPN (Virtuelles privates Netzwerk) und die Bereitstellung eines Firmen-Mobiltelefons ist die Wartung von jedem Platz aus möglich, der entweder über einen Internet-Anschluss oder über einen Mobilfunkzugang verfügt.

Hotline einrichten

Auch die Einrichtung einer *Hotline* kann durchaus sinnvoll sein: Damit wird gewährleistet, dass die hierfür vorgesehenen MitarbeiterInnen die Anfragen und Meldungen entgegen nehmen und damit die EntwicklerInnen und die Projektleitung von diesen Tätigkeiten entlasten.

Hinweis

Da sich die Aufgaben in Bezug auf die Wartung und Betreuung von System zu System sehr ändern, können zu diesem Themenbereich leider kein Muster angeboten werden.

Erstellen Sie die Aufstellung der Wartungs- und Betreuungsaufgaben am besten in Word – hier ist die Erfassung und Gliederung von Text einfacher.

Projekt-Tipp

Achten Sie in diesem Zusammenhang darauf, dass für die Betreuung bzw. Wartung, die außerhalb der Arbeitszeit stattfindet, entsprechende Vergütungsmodelle eingerichtet werden müssen. Die benötigten Finanzmittel müssen eingeplant und bereitgestellt werden.

Planen Sie für die „Nach-Projekt-Zeit" auch Aufwände für die Betreuung mit ein, denn wenn Sie selbst gebunden sind, um bei einem produktiven System Fehlerzustände aufzuklären, können Sie während dieser Zeit keine neuen Projekte bearbeiten.

4.12.2 Change Requests und Problemmeldungen

Änderungswünsche

Sie müssen auch auf jeden Fall damit rechnen, dass es zu Änderungswünschen – so genannten *Change Requests* – kommt. Diese entstehen häufig, wenn im Projektverlauf neue, veränderte Anforderungen an den Projektgegenstand aufgetaucht sind und nicht oder nicht umfassend berücksichtigt werden konnten.

Abblidung 26: Problemmeldungen und Change Requests gehören zur Einführungs- und Wartungsphase.

In vielen Projekten ist dieses Problem verbreitet, da der Auftraggeber – trotz Anforderungsanalyse und Festlegung von Projektzielen – oft nur eine unklare Vorstellung von der technischen Realisierung des Projektergebnisses hat. Mit der Konkretisierung des Projektgegenstandes oder auch erst nach der Einführung der fertigen Lösung fallen ihm oder den Beteiligten aus den Fachabteilungen weitere Anwendungsmöglichkeiten und Funktionalitäten ein, die doch noch umgesetzt werden sollen, oder die sogar entscheidend für die spätere Funktionalität und Bedienbarkeit sein können. Die Auswirkungen solcher Änderungswünsche auf das Gesamtprojekt, die Kosten und die Termine sind den Auftraggebern dabei nur selten bewusst.

Auswirkungen auf Gesamtprojekt

Deren Bearbeitung, und die Umsetzung von weiteren „Change Requests" erfordert im Normalfall die Anpassung von Software, deren Test und das Verteilen in die produktive Umgebung – also eigentlich ein weiteres kleines Projekt mit allen notwendigen Teilschritten.

Änderungen im laufenden Betrieb

In der Folge kann es vorkommen, dass das Gesamtprojekt teurer wird und die Fertigstellung sich verspätet. Sie als Projektleiter haben die Konsequenzen zu tragen. Was also tun?

- Änderungswünsche des Kunden sollten Sie niemals spontan akzeptieren oder ablehnen. Sollte sich die Unmöglichkeit der Änderung herausstellen, können Sie die Zusage später nur schwer zurücknehmen. **Lösung:** Bitten Sie sich Zeit aus, die Sache zu prüfen.

Umgang mit Änderungswünschen

- Analysieren Sie genau die Auswirkungen des Änderungswunsches auf Ihr Projekt, am besten gemeinsam mit Ihrem Team. **Lösung:** Wenn der Änderungswunsch Ihrem Zeit- und Ressourcenplan schadet, sollten Sie mit Ihrem Auftraggeber klären, ob ihm der Änderungswunsch dies wert ist.

- Wenn Sie keine Wahl haben und den Änderungsauftrag akzeptieren müssen (weil z. B. der Vorstand darauf besteht), sollten Sie die Auswirkungen auf Ihr Projekt genau dokumentieren. Wenn Sie dann später die unvermeidlichen Budgetüberschreitungen und Terminverzögerungen erklären müssen, haben Sie sich bereits frühzeitig abgesichert.

Praxis-Hinweis

Legen Sie bereits im Vertrag mit externen Partnern bzw. im Projektauftrag fest, wie mit nachträglichen Änderungswünschen umzugehen ist und für welche Änderungen ein gesonderter Auftrag erteilt werden muss.

Probleme im Tages-betrieb lösen

Problemmeldungen werden auftauchen, wenn die Nutzer feststellen, dass entweder die zugesagten Leistungsmerkmale nicht erfüllt werden oder es zu Fehlern kommt.

Auch diese müssen beseitigt und durch neue oder ergänzte Lösungen korrigiert werden.

Projekt-Tipp

Erfassen Sie Problemmeldungen und Change Requests und haken Sie regelmäßig nach, ob die Erledigung durchgeführt wurde bzw. wie der Stand ist und wann mit der Korrektur zu rechnen ist. Lassen Sie sich die Erledigung sowie die neue Versionsnummer der Software schriftlich bestätigen.

Gerade in der Einführungsphase und der ersten Zeit des produktiven Betriebs wird es also einen „iterativen Prozess" geben, in dem immer wieder Meldungen auftauchen, die bearbeitet werden müssen und zu neuen Lösungen bzw. – im IT-Bereich – zu neuen Software-Ständen führen.

Aktueller Projektstand:

Projektphase 6b: Im laufenden Produktivbetrieb werden Change Requests und Fehlermeldungen aufgenommen und bearbeitet.

Zusammenfassung

Richten Sie First- und Second-Level-Support ein. Schaffen Sie – wenn nötig – eine Hotline, die rund um die Uhr erreichbar ist und den produktiven Betrieb sichert.

Planen Sie für sich und die Projektmitarbeiter Betreuungszeiten mit ein. Berücksichtigen Sie eine Phase, in der Problemmeldungen und Change Requests bearbeitet werden müssen.

5 Werkzeuge für die begleitende Projektsteuerung

In diesem Abschnitt:

- Begleitende Projektsteuerung
- Fortschrittsüberwachung
- Kostenüberwachung
- Terminüberwachung
- Laufende Qualitätssicherung
- Berichtswesen
- Sitzungen von Projektteam und begleitenden Gremien

Spätestens in dem Moment, in dem die ersten Aufgaben im Projekt verteilt wurden, beginnt die parallele Phase der begleitenden Projektsteuerung.

Eigentlich handelt es sich dabei um laufende Rückkopplungen durch die Beteiligten über Status und Fortschritt des Vorhabens. Die Projektleitung muss jederzeit darauf reagieren und mit- bzw. gegensteuern, sobald etwas aus dem Ruder läuft. Es ist ein Regelkreis, der sich über die gesamte Projektlaufzeit fortsetzt.

Status und Fortschritt ermitteln

Immerhin muss ein mehr oder weniger umfangreiches Projekt umgesetzt werden, an dem viele Personen mit unterschiedlichen Aufgaben, Kenntnissen und Kompetenzen beteiligt sind, und zum Schluss muss alles so zusammen passen, dass die ursprüngliche Aufgabenstellung ordnungsgemäß und vollständig erledigt wurde. Keine leichte Aufgabe!

Für die Projektleitung bedeutet diese Phase im Wesentlichen, mehrere Dinge gleichzeitig im Auge zu behalten:

- Projektziele und Projektfortschritt,
- Termine,
- Kosten.

Die Basis für die Projektsteuerung bildet die Projektplanung bzw. der Projektablaufplan: Dort sind die vorgesehen Aufgaben, Daten und Zeiten eingetragen und den Ressourcen zugeordnet. Diese Angaben sollten natürlich soweit verlässlich sein, dass eine Arbeit „nach Plan" auch realistisch zum Ziel führt. Ansonsten wäre schon die Planung Makulatur.

Alles soll „nach Plan" verlaufen

Die Überwachung und Steuerung ist neben der Führung des Projektteams die zentrale Aufgabe der Projektleitung.

Praxis-Hinweis

Besonders wichtig bei der Projektsteuerung ist die Erhaltung der Transparenz. Dies bedeutet, dass die übergeordneten Hierarchiestellen bzw. die Projektauftraggeber jederzeit einen aktuellen Stand abfragen können. Sie als ProjektleiterIn müssen dafür sorgen, dass sie ständig Auskunft geben können.

Die dafür zu sammelnden Informationen umfassen sowohl den Projektfortschritt, die Einhaltung von Terminen und Kosten als auch Hinweise über aufgetretene Probleme und deren Lösung.

In den folgenden Abschnitten erfahren Sie, wie Sie die begleitende Projektsteuerung aus der Sicht der Projektleitung angehen, welche technischen und organisatorischen Hilfsmittel Sie einsetzen können und wie Sie die besagte Transparenz so weit wie möglich herbeiführen und beibehalten können. Microsoft Excel ist dabei ein gutes Werkzeug, um die Projektdaten zu erfassen, aufzubereiten und darzustellen.

5.1 Projektfortschrittskontrolle

5.1.1 Hintergründe und Ziele

Soll und Ist fließen zusammen

Im Rahmen der Umsetzungsvorbereitung haben Sie die Aufgaben geplant und sowohl zeitlich als auch kosten- und ressourcenmäßig aufgelistet. Die entsprechenden Tabellen sind Ihr „Soll-Plan" und damit die Grundlage der Überwachung und Steuerung: Die Soll-Planung stellt dar, wann welche Aufgabe erledigt sein muss, um den vorgesehenen Endtermin des Projekts sicher zu erreichen.

Doch jetzt, in der laufenden Phase der Projektumsetzung, müssen Sie ebenso laufend ermitteln, wie weit die einzelnen Arbeitspakete und Teilaufgaben erledigt wurden. Wichtig dabei ist, jederzeit auskunftsfähig gegenüber den Projektauftraggebern bzw. den Steuerungsgremien zu sein.

Besonders zwei in einem regelmäßigen Intervall durchzuführende Aufgaben sind dafür entscheidend:

- Stellen Sie den *Projektfortschrittsgrad* fest.
- Übertragen Sie diesen in Ihre *Projektfortschrittsüberwachung* und erstellen Sie auf dieser Basis regelmäßig entsprechende Übersichten „Wo stehen wir aktuell?".

Im Folgenden erhalten Sie Anleitungen und Tipps, wie Sie mit Excel die Informationen sammeln und aufbereiten.

5.1.2 Projektfertigstellungsgrad ermitteln

Im laufenden Verfahren der Projektumsetzung müssen Sie für jedes Arbeitspaket bzw. jede Teilaufgabe feststellen, wie weit die Umsetzung fortgeschritten ist. Technisch ist dies in vielen Fällen durch eine einfache

Prozentangabe zu erledigen, die Sie von den jeweiligen Aufgabenverantwortlichen abfragen müssen.

Dabei ist jedoch zwischen dem *relativen* und dem *absoluten* Projektfertigstellungsgrad zu unterscheiden.

Wichtiges Ergebnis dieser Abfrage ist die *Ermittlung der noch verbleibenden Arbeitstage für die jeweilige Teilaufgabe.*

Was ist zu tun?

Für Ihre „Kontrollaufgabe" bedeutet dies also, dass Sie sozusagen einen ständigen (oder regelmäßigen) Soll-/Ist-Vergleich anstellen. Dabei müssen Sie allerdings bedenken, dass es gerade bei den vielen Teilaufgaben eines Projektes keineswegs einfach ist, gerade den inhaltlichen Teil jederzeit so zu beurteilen bzw. zeitlich zu bewerten, dass eine sichere Aussage über den aktuell erreichten Fortschritt möglich ist. Oft kommt nur eine etwas genauere Schätzung dabei heraus – aber diese ist besser als gar keine Aussage.

Regelmäßiger Soll-/Ist-Vergleich

Bei der Überwachung von Terminen ist es ähnlich einfach: Per Projektablaufplan oder Kalender können Sie kennzeichnen, ob ein Termin eingehalten wurde oder nicht. Das heißt, wenn Sie abfragen, ob die Aufgabe fertig ist, reicht im Prinzip in terminlicher Hinsicht ein *Ja* oder ein *Nein*.

Bei der Ermittlung des Fertigstellungsgrades ist dies nicht so einfach: Sie können *zwei Hilfsdarstellungen* anwenden, um der entsprechenden Transparenz näher zu kommen:

- Relativer Projektfertigstellungsgrad und
- absoluter Projektfertigstellungsgrad.

Relativer Projektfertigstellungsgrad – Die Prozentfrage

Für die Erfassung des relativen Projektfertigstellungsgrads gehen Sie auf Arbeitspaket-Ebene oder auch Einzelaufgaben-Ebene und befragen den oder die jeweilige/n Arbeitspaket-Verantwortliche/n, zu wie viel Prozent das Arbeitspaket oder die Einzelaufgabe fertig gestellt ist. Die entsprechende Aussage wird meistens eine *relative* Größenordnung beinhalten wie „ca. 35 – 45 %" (s. Abb. 27).

Fertigstellungsgrad ermitteln

Die Aufgabe der Projektleitung besteht darin, diese Angabe in eine „echte" Prozentzahl umzuwandeln und vor allem einzuschätzen, wie realistisch diese Angabe ist.

In der Praxis zeigt sich oft Folgendes:

- Der erzielte Fortschritt wird überschätzt, da es gerade in der Anfangszeit der Lösung einer Aufgabe relativ schnell erste Teilergebnisse gibt.
- Der noch zu leistende Aufwand wird unterschätzt.
- Noch zu lösende Fragestellungen werden (noch) nicht erkannt, und Problembereiche werden als schnell zu lösen eingeschätzt.

- Die Verfügbarkeit von externen Partner, BeraterInnen aus Fachabteilungen oder auch von „Kompetenzträgern" wird ständig vorausgesetzt, sodass Verzögerungen durch Nicht-Verfügbarkeit nicht eingeschätzt werden.

- Persönliche Einstellungen wie *„ich muss immer alles positiv darstellen, um nicht gegenüber den anderen abzufallen"* oder *„ich darf nicht als derjenige erscheinen, der am längsten für seine Aufgaben braucht"* kommen hinzu und führen dazu, das reale Bild zu verfälschen.

Nach Arbeitspaketen unterteilen

Alles in allem kommt häufig die Aussage, dass die Teilaufgabe oder das Arbeitspaket so gut wie fertig sind – die „Fast-fertig-Falle". Daher zwei Tipps aus der Praxis, wie Sie damit umgehen können:

- Hüten Sie sich davor, die Aussagen der ProjektmitarbeiterInnen ungefiltert an die höheren Hierarchiestufen weiter zu geben.

- Fertigen Sie kleine Tabellen an, in denen die Aussagen zu den einzelnen Arbeitspaketen zusammen gefasst sind. Schreiben Sie auch die Aufgabenbezeichnung und den Ressourcennamen dazu – je nachdem, für wen die Auswertung bestimmt ist. Sie erhalten so einen schnellen Überblick und können immer wieder auf die Tabellen zurückgreifen.

Excel-Muster „Relativer Projektfertigstellungsgrad"

Geben Sie Ihre Werte in den grün unterlegen Feldern ein – das Tool berechnet Ihnen den relativen Fertigstellungsgrad.

Excel-Mustervorlage auf Ihrer CD-ROM zum Buch:

PM > III-1 AP Fertigstellung relativ

Ermittlung des relativen Fertigstellungsgrades pro Arbeitspaket				
Arbeitspaket-Bezeichnung	Arbeitstage geplant	Fertigstellungsgrad [%]	Arbeitstage erledigt	Arbeitstage Rest
AP1	5	100%	5	0
AP2	4	50%	2	2
AP3	3	66%	2	1
AP4	8	60%	5	3
AP5	12	12%	1	11
AP6	4	0%	0	4
AP7	21	20%	4	17
AP8	17	0%	0	17
AP9	12	0%	0	12
AP10	33	0%	0	33
Summe	119	16%	19	100

Abbildung 27: Relativer Projektfertigstellungsgrad in Form einer Soll-Ist-Tabelle

Absoluter Projektfertigstellungsgrad – Die Ja/Nein-Frage

Bei der Ermittlung des absoluten Projektfertigstellungsgrads geht es nicht darum, für jedes Arbeitspaket den prozentualen Fertigstellungsgrad abzufragen, sondern nur um die Frage, wie viele Arbeitspakete sind abgeschlossen und wie viele (noch) nicht (s. Abb. 28).

Wie viele Teilaufgaben sind abgeschlossen?

Den „absoluten Fertigstellungsgrad" errechnen Sie aus der Summe des Zeitaufwands der bereits abgeschlossenen Arbeitspakete bezogen auf den Zeitaufwand aller Arbeitspakete (also des Zeitaufwands für das Gesamtprojekt).

Fragen nach dem absoluten Fertigstellungsgrad kommen zwischendurch recht schnell von den oberen Hierarchien und können durch anschauliche Tabellen wie im folgenden Beispiel (s. Abb. 28) dargestellt bzw. belegt werden.

Excel-Muster „Absoluter Projektfertigstellungsgrad"

Durch die einfache Eingabe der entsprechenden Zahlen in den grün unterlegten Feldern rechnet Ihnen die Tabelle die Fertigstellungsgrade aus.

Excel-Mustervorlage auf Ihrer CD-ROM zum Buch:

PM > III-2 AP Fertigstellung absolut

Ermittlung des absoluten Projektfertigstellungsgrades					
Arbeitspaketstatus	Anzahl AP	Arbeitstage geplant	Geleistete Arbeitstage	Arbeitstage Rest	Fertigstellung absolut [%]
noch nicht abgeschlossen	9	114	14	100	96%
abgeschlossen	1	5	5	0	4%
Summe	10	119	19	100	100%
Der absolute Fertigstellungsgrad beträgt hier 4% (Arbeitstage abgeschlossener AP's bezogen auf alle Arbeitstage)					

Abbildung 28: Absoluter Projektfertigstellungsgrad

Projekt-Tipp

Achten Sie darauf, im Projekt immer die gleiche Übersicht zu verwenden und nicht zwischen dem relativen und absoluten Projektfertigstellungsgrad hin- und herzuwechseln.

5.1.3 Darstellung des laufenden Projektfortschritts per Gantt-Diagramm

Nachdem Sie die Prozentsätze der Fertigstellung der jeweiligen Teilaufgaben ermittelt haben, liegen Ihnen auch die verbleibenden Resttage bis zum Abschluss der Teilaufgaben vor. Diese Angabe benötigen Sie, um Ihr Projektfortschrittsdiagramm („Gantt-Diagramm") so zu verändern, dass dieses nach jeder Aktualisierung sowohl den Erledigungsgrad als auch die verbleibenden Tage für jedes Arbeitspaket angibt.

Benötigte Restzeit ermitteln

Excel-Mustervorlage auf Ihrer CD-ROM zum Buch:

PM > III-3 Fortschrittskontrolle Dia

So gehen Sie anhand der Mustertabelle vor:

- Erfassen Sie die ermittelten prozentualen Fortschrittswerte (relativer Projektfortschritt pro Arbeitspaket) im entsprechenden Tabellenblatt, das für die Erstellung des Projektfortschritts-Diagramms verwendet werden soll.

- Passen Sie die Beginn- bzw. Endedaten bei Bedarf an den aktuellen Stand an. Nutzen Sie bei zeitlichen Abhängigkeiten den in Kapitel 3.8.4 *Excel-Muster „Gantt-Balkendiagramm"* beschriebenen Excel-Trick für die Erfassung der Datumsangaben.

> Gantt-Diagramme für den schnellen Überblick

- Legen Sie ein „Gantt-Diagramm" an, welches sowohl den erzielten Projektfortschritt als auch die verbleibende Restdauer für jede Teilaufgabe anzeigt. Nutzen Sie dazu wieder die Excel-Diagrammfunktion und fügen ein *2D-Balkendiagramm* in der Form *gestapelter Balken* ein.

So geht's:

1. Aktivieren Sie auf der Registerkarte **Einfügen** in der Gruppe Diagramme den Eintrag **Balken**.

2. Wählen Sie unter **2D-Balken** die Option **Gestapelte Balken**. Es erscheint eine leere Diagrammfläche. Zusätzlich werden die **Diagrammtools** mit den Registerkarten **Entwurf**, **Layout** und **Format** eingeblendet.

3. Klicken Sie in den **Diagrammtools** auf der Registerkarte **Entwurf** in der Gruppe **Daten** auf die Schaltfläche **Daten auswählen**. Das Fenster **Datenquelle auswählen** erscheint.

4. Markieren Sie in Ihrer Datentabelle die Datenbereiche **Arbeitspaket [Bezeichnung]** und **Beginn [Datum]** inklusive der Überschriften – in der Mustertabelle also die Felder B2:C12).

5. Bestätigen Sie mit **OK**. Ein Diagramm wird eingeblendet.

6. Öffnen Sie in den **Diagrammtools** die Registerkarte **Entwurf** und wählen Sie erneut aus der Gruppe **Daten** die Schaltfläche **Daten auswählen** an. Das gleichnamige Fenster **Datenquelle auswählen** wird angezeigt.

7. Hier bestätigen Sie **Hinzufügen**. Das Dialogfenster **Datenreihe bearbeiten** öffnet sich. Der Cursor steht im Feld **Reihenname**.

8. Klicken Sie die Spaltenüberschrift **erledigt [Tage]** an (Feld E2).

9. Im Fenster **Datenreihe bearbeiten** gehen Sie ins Feld **Reihenwerte** und löschen Sie den vorhandenen Inhalt.

10. Danach markieren Sie bei gedrückt gehaltener Hochstelltaste (Shift-Taste) die Datenfelder der Spalte **erledigt [Tage]** (Felder E2:E12).

11. Bestätigen Sie durch Klick auf **OK**.

12. Wählen Sie im Fenster **Datenquelle auswählen** erneut **Hinzufügen**. Das Fenster **Datenreihe bearbeiten** öffnet sich. Der Cursor steht im Feld **Reihenname**.

13. Klicken Sie die Spaltenüberschrift **Rest [Tage]** an (Feld F2).

14. Löschen Sie im Dialogfenster **Datenreihe bearbeiten** den im Feld **Reihenwerte** vorhandene Inhalt.

15. Markieren Sie wieder mit gedrückt gehaltener Hochstelltaste (Shift-Taste) die Datenfelder der Spalte **Rest [Tage]** (Felder F2:F12).

16. Bestätigen Sie Ihre Änderungen durch Klick auf **OK**. Schließen Sie auch das Dialogfenster **Datenquelle auswählen** mit **OK**.

In den folgenden Schritten zaubern Sie aus dem Diagramm ein Gantt-Diagramm.

So geht's:

1. Aktivieren Sie im Diagramm die **erste Datenreihe** (Beginn [Datum]), oder wählen Sie diese aus der Liste der Diagrammelemente aus (**Diagrammtools** > Registerkarte **Format** > Gruppe **Aktuelle Auswahl** > Feld **Diagrammelemente**). Die farbigen Balken werden markiert.

2. Holen Sie unter den **Diagrammtools** die Registerkarte **Format** nach vorne. In der Gruppe **Aktuelle Auswahl** gehen Sie auf **Auswahl formatieren**; sofort öffnet sich das Fenster **Datenreihen formatieren**.

3. Wählen Sie in der Navigationsleiste des Dialogfensters den Eintrag **Füllung** und kennzeichnen Sie im rechten Fensterbereich die Option **Keine Füllung**.

4. Blenden Sie das Dialogfenster über die Schaltfläche **Schließen** wieder aus.

5. Klicken Sie im Diagramm auf die Legende, und betätigen Sie die Entf-Taste.

6. Aktivieren Sie auf die vertikale Achse (Rubrik), oder wählen Sie diese aus einer Liste von Diagrammelementen aus – hierzu gehen Sie über die **Diagrammtools** > Registerkarte **Format** > Gruppe **Aktuelle Auswahl** > Feld **Diagrammelemente**).

7. Drücken Sie unter den **Diagrammtools** > Registerkarte **Format** > Gruppe **Aktuelle Auswahl** die Schaltfläche **Auswahl formatieren**; es öffnet sich das Dialogfenster **Achse formatieren**.

8. Kennzeichnen Sie unter **Achsenoptionen** das Kontrollkästchen **Kategorien in umgekehrter Reihenfolge**, und blenden Sie das Fenster über **Schließen** wieder weg.

9. Wenn sich die Schrift auf der horizontalen Achse überschneidet, können Sie diese leicht schrägstellen, um die Lesbarkeit zu verbessern: Markieren Sie hierzu die **horizontale Achse** im Diagramm.

10. Gehen Sie wieder den Weg über die **Diagrammtools** > Registerkarte **Format** > Gruppe **Aktuelle Auswahl** und wählen Sie **Auswahl formatieren**. Das gleichnamige Fenster wird eingeblendet.

12 Schritte zum Gantt-Diagramm

Projektfortschrittskontrolle (simuliertes Gantt-Diagramm)

Nr.	Arbeitspaket [Bezeich]	Beginn [Datum]	Dauer geplant [Tage]	erledigt [Tage]	Rest [Tage]	Ende [Datum]
1	AP1	01.08.2010	5	5	0	06.08.2010
2	AP2	05.08.2010	4	2	2	09.08.2010
3	AP3 - Ende Phase 1	09.08.2010	3	2	1	12.08.2010
4	AP4	13.08.2010	8	5	3	21.08.2010
5	AP5	17.08.2010	12	1	11	29.08.2010
6	AP6 - Ende Phase 2	21.08.2010	4		4	25.08.2010
7	AP7	25.08.2010	21		17	15.09.2010
8	AP8	29.08.2010	17	4	17	15.09.2010
9	AP9	15.09.2010	12		12	27.09.2010
10	AP10 - Projektabschluss	05.10.2010	33		33	07.11.2010
			119	19	100	

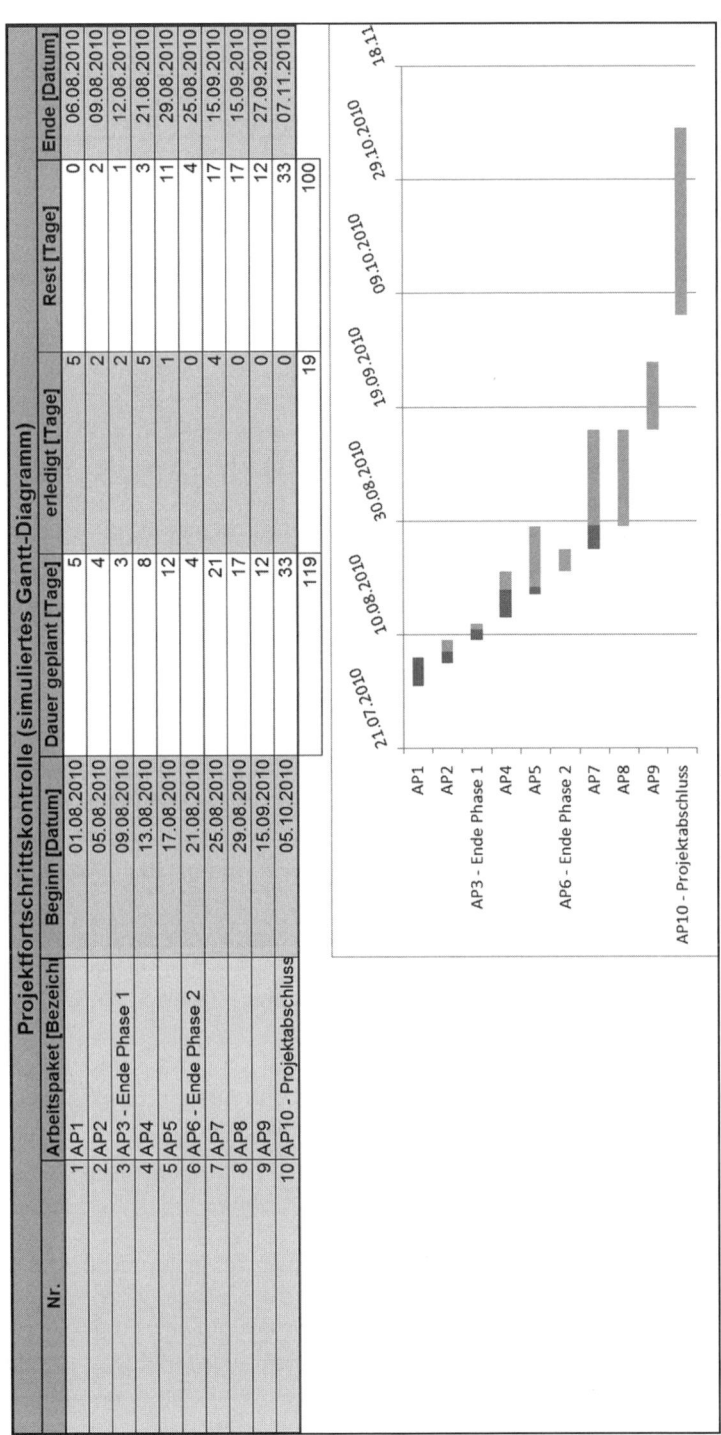

Abbildung 29: Beispiel eines Gantt-Balkenplans zur Projektfortschrittskontrolle

11. Aktivieren Sie in der Navigationsleiste den Eintrag **Ausrichtung** und ändern Sie bei **Benutzerdefinierter Winkel** über den Stellgrößenpfeile nach unten den Winkelwert, bis die Achsenbeschriftung den gewünschten Winkel erreicht hat.

12. Beenden Sie Ihre Einstellung über **Schließen**.

Nun haben Sie das Ziel erreicht und ein Gantt-Diagramm erzeugt, das die Aufgaben zeitlich darstellt und dabei zusätzlich den erreichten Projektfortschritt anzeigt.

> **Aktueller Projektstand:**
> *Projektphase 6a:* Der Projektfortschritt wird laufend überwacht.

5.2 Kostenkontrolle

5.2.1 Hintergründe und Ziele

Für Projekte wird im Rahmen der Planung und Vorbereitung ein Kostenrahmen ermittelt und festgehalten. Dieser ist meistens auch zwingend einzuhalten, denn die entsprechenden Kosten bedeuten Ausgaben für das Unternehmen. Diese müssen erwirtschaftet werden, und die notwendigen Mittel müssen zur Verfügung gestellt werden.

Kostenplan einhalten

Ändern sich die Kosten während der Projektlaufzeit – und meistens ist es nach oben –, so bedeutet dies im Regelfall, dass zusätzliche Mittel genehmigt werden müssen. Kann dies nicht gewährleistet werden, ist das Projekt oder Teile von ihm nicht mehr durchführbar. So etwas kann gravierende Auswirkungen auf das Fortbestehen oder auch den Beschäftigungsgrad der Firma haben. Bei internen Projekten bedeutet eine Kostenerhöhung oftmals, dass die zusätzlich notwendigen Mittel für andere Vorhaben nicht mehr zur Verfügung stehen, und dass es zu Verschiebungen in der strategischen Planung mit den entsprechenden Auswirkungen kommt.

Ziel muss es also sein, die geplanten Kosten so weit wie überhaupt möglich einzuhalten. Dies muss durch eine **effektive Kostenkontrolle** unterstützt werden.

Was auf keinen Fall passieren darf ist, dass (gravierende) Kostenüberschreitungen erst nachträglich, also bei einer Nachkalkulation (oder im öffentlichen Bereich bei der Erstellung des Endverwendungsnachweises) festgestellt werden. Dies kann Auswirkungen bis hin zu steuerlichen Problematiken oder Insolvenzbedrohung gehen und muss unbedingt vermieden werden. Schnellere Reaktionen sind bei den Kosten ebenso nötig wie bei der Kontrolle des Projektfortschritts!

Kostenüberschreitungen vermeiden

Geht es um die aufgelaufenen Kosten, können Sie die Vergleichszahlen auf Basis der zuvor ermittelten Fortschrittsprozentwerte direkt errechnen, besser ist aber eine **Aufstellung anhand von vorliegenden Rechnungen und Quittungen** als echte Basis für eine schnelle Zusammenstellung. Dabei ist der Soll-/Ist-Vergleich relativ einfach, denn was bereits bezahlt wurde oder an Personalkosten ausgelaufen ist, wird sich hinterher kaum noch verändern.

5.2.2 Was ist zu tun?

- Grundsätzlich gilt: Sie haben den Kostenrahmen bereits im Rahmen der Projektplanung festgelegt und festgeschrieben.

- Ein ständiger Soll-/Ist-Vergleich ist nötig und hilft, den Überblick zu behalten.

Ständiger Soll-/Ist-Abgleich

- Legen Sie eine entsprechende Kostentabelle an (sofern nicht bereits während der Planung geschehen) und erfassen Sie darin zunächst die „Soll-Werte" (s. Abb. 31).

- In einer weiteren Spalte können Sie die aktuellen Ist-Werte eintragen und in einer zusätzlichen Spalte die Abweichung (in Prozent oder Beträgen) durch Formeln ermitteln lassen.

Für Ihre Berichterstattung über den Soll-/Ist-Stand sowie die erkannten Abweichungen bedeutet dies:

1. Stellen Sie die Abweichungen fest und geben Sie zusätzliche Information über die Gründe für die Abweichungen:

2. Analysieren Sie die Abweichungsursachen: Diese können ihren Grund haben in

   - einem unrealistischen Fertigstellungsgrad,

   - unvollständigen Planwerten (z. B. aufgrund fehlender Erfahrung, nicht vorhandenen Werten aus anderen Projekten, Vernachlässigung von Kosten externer Partner, Fehleinschätzung der Gesamtkomplexität u. Ä.),

   - nicht vorhersehbaren Änderungen im Projektumfeld (z. B. wirtschaftliche Veränderungen durch Börsenereignisse, Marktveränderungen, aber auch Prioritätsveränderungen oder erkannte notwendige Änderungen des Projektauftrages),

   - aufgetretenen Fehlern (diese führen zu Änderungen in den Arbeitspaketen, Ressourcen- und Zeitänderungen und beeinflussen damit die Kosten).

Abweichungen ermitteln und Maßnahmen einleiten

3. Gegenmaßnahmen einleiten: Diese können z. B. in Veränderungen in späteren Arbeitspaketen liegen, um die Gesamtkosten einhalten zu können. Wenn in Ihren Berichten dieser Punkt eine entscheidende Rolle spielt, definieren Sie realistische Handlungsmöglichkeiten und überlassen Sie die entsprechenden Überlegungen keinesfalls den oberen Hierarchiestufen. Sie rücken sonst als Projektleiter in ein sehr diffuses Licht!

Für den praktischen Umgang mit Kosten bedeutet dies:

- Lassen Sie vorliegende Rechnungen sofort als „Vormerkposten" in die Projektbuchhaltung eingeben, gerade auch wenn diese noch nicht bezahlt wurden.

  Rechnungen sofort erfassen

- Wenn Rechnungen bezahlt wurden: Erfassen Sie diese als „bezahlt"; das Geld wurde ausgegeben.

- Vergeben Sie Rechnungsnummern, und erfassen Sie alle Rechnungsdaten wie Name, Rechnungsdatum und vor allem auch das Bezahldatum und den tatsächlich überwiesenen Betrag (Skonto berücksichtigen!).

- Richten Sie in der Projektbuchhaltung eine automatische Berechnung der ausgegebenen Gesamtmittel ein – wenn notwendig unterteilt nach Jahrestranchen oder anderen notwendigen Untergliederungen. Sie erhalten dadurch die Möglichkeit, „auf Knopfdruck" den jeweils aktuellen Stand zu sehen.

5.2.3 Zwei Excel-Muster „Abweichungsanalyse Personalkosten" & „Abweichungsanalyse Sachkosten"

Öffnen Sie beide Excel-Tools.

> **Excel-Mustervorlage auf Ihrer CD-ROM zum Buch:**
>
> **PM > IV-6 Soll-Ist-Vergleich Persona**
>
> **PM > IV-7 Soll-Ist-Vergleich Sachkos**

Die Soll-Gesamtkosten haben Sie bereits im Rahmen Ihrer Projektplanung ermittelt. Daher werden die entsprechenden Werte hier zusammen mit dem zuvor erfassten Projektfertigstellungsgrad aus den entsprechenden Unterblättern übernommen. Sie müssen diese hier nicht erneut erfassen!

Auf Basis des Projektfertigstellungsgrades ermittelt die Tabelle, welche Soll-Kosten sich aktuell ergeben; Sie müssen diese um die aktuell vorliegenden Ist-Kosten ergänzen (beschaffen Sie sich diese ggf. aus der Buchhaltung). Daraus errechnet die Tabelle die absolute Abweichung sowie die entsprechenden prozentualen Werte. Die Tabelle ist damit die gleiche wie für den laufenden Soll-/Ist-Vergleich. Wenn Sie lediglich den Kostenstand überwachen wollen, ohne über die vorhandenen Abweichungen zu berichten, lassen Sie die Felder für die Begründungen frei (s. Kapitel 6.6 „Projektfortschritt überwachen: Der Soll-/Ist-Vergleich").

Personal- und Sachkosten überwachen

Gleichen Sie die geplanten Soll-Kosten mit den eingetragenen Werten ab bzw. übernehmen Sie die Zahlen ggf. durch Kopieren und Einfügen, wenn Sie nicht die Verknüpfungen verwenden wollen. Denken Sie auch daran, bei Planungsänderungen die Zahlen in *allen* betroffenen Tabellen zu ändern. Nehmen Sie die Eintragung der Ist-Kosten regelmäßig vor, z. B. monatlich, und berücksichtigen Sie dabei alle relevanten Kosten.

Personalkosten (Soll-Ist-Vergleich inkl. Abweichungsanalyse)

Soll-Ist-Vergleich mit Hochrechnung des Soll-Verbrauchs zum aktuellen Projektzeitpunkt

Arbeitspaket-Bezeichnung	Arbeitstage geplant	Fertigstellungs-grad [%]	Arbeitstage Rest	Personalkosten Soll gesamt [€]	Personalkosten-verbrauch Ist zum aktuellen Zeitpunkt [€]	Personalkosten-verbrauch Soll entsprechend Fertigstellungs-grad [€]	Abweichung Ist gegenüber Fertigstellungs-grad [€]	noch offene Personalkosten bis Projektende [€]	noch offene Personalkosten bis Projektende [%]
AP1	5	100%	0	11.681,27 €	11.300,00 €	11.681,27 €	381,27 €	381,27 €	3%
AP2	4	50%	2	11.400,00 €	600,00 €	5.700,00 €	5.100,00 €	10.800,00 €	95%
AP3	3	66%	1	7.046,51 €	6.900,00 €	4.650,70 €	-2.249,30 €	146,51 €	2%
AP4	8	60%	3	13.200,00 €	450,00 €	7.920,00 €	7.470,00 €	12.750,00 €	97%
AP5	12	12%	11	10.337,70 €	1.400,00 €	1.240,52 €	-159,48 €	8.937,70 €	86%
AP6	4	0%	4	5.400,00 €	0,00 €	0,00 €	0,00 €	5.400,00 €	100%
AP7	21	20%	17	12.400,00 €	0,00 €	2.480,00 €	2.480,00 €	12.400,00 €	100%
AP8	17	0%	17	12.766,00 €	0,00 €	0,00 €	0,00 €	12.766,00 €	100%
AP9	12	0%	12	5.497,74 €	0,00 €	0,00 €	0,00 €	5.497,74 €	100%
AP10	33	0%	33	4.420,00 €	0,00 €	0,00 €	0,00 €	4.420,00 €	100%
Summe	119		100	94.149,22 €	20.650,00 €	33.672,49 €	13.022,49 €	73.499,22 €	78%

Abweichungsursachen	
AP1	genau im Plan
AP2	Verzögerung durch Personalausfall
AP3	höhere Kosten durch zusätzliches temporäres Personal
AP4	Beratung wurde hauptsächlich durch externe Fachleute erledigt
AP5	genau im Plan
AP6	Aufgabe wurde noch nicht begonnen
AP7	Aufgabe wurde noch nicht begonnen
AP8	genau im Plan
AP9	genau im Plan
AP10	genau im Plan

Abbildung 30: Beispiel für eine Abweichungsanalyse der Personalkosten inklusive Erläuterungen zu den Abweichungen

Sachkosten (Soll-Ist-Vergleich inkl. Abweichungsanalyse)

Soll-Ist-Vergleich mit Hochrechnung des Soll-Verbrauchs zum aktuellen Projektzeitpunkt

Arbeitspaket-Bezeichnung	Arbeitstage geplant	Fertig-stellungs-grad [%]	Arbeitstage Rest	Sachkosten Soll gesamt [€]	Sachkosten-verbrauch Ist zum aktuellen Zeitpunkt [€]	Sachkosten-verbrauch Soll entsprechend Fertigstellungs-grad [€]	Abweichung Ist gegenüber Fertigstellungs-grad [€]	noch offene Sachkosten bis Projektende [€]	noch offene Sachkosten bis Projektende [%]
AP1		100%		11.175,00 €	11.175,00 €	11.175,00 €	0,00 €	0,00 €	0%
AP2		50%		1.125,00 €	600,00 €	562,50 €	-37,50 €	525,00 €	47%
AP3		66%		2.875,00 €	1.900,00 €	1.897,50 €	-2,50 €	975,00 €	34%
AP4		60%		9.675,00 €	450,00 €	5.805,00 €	5.355,00 €	9.225,00 €	95%
AP5		12%		9.025,00 €	1.400,00 €	1.083,00 €	-317,00 €	7.625,00 €	84%
AP6		0%		575,00 €	0,00 €	0,00 €	0,00 €	575,00 €	100%
AP7		20%		575,00 €	0,00 €	115,00 €	115,00 €	575,00 €	100%
AP8		0%		575,00 €	0,00 €	0,00 €	0,00 €	575,00 €	100%
AP9		0%		8.075,00 €	0,00 €	0,00 €	0,00 €	8.075,00 €	100%
AP10		0%		575,00 €	0,00 €	0,00 €	0,00 €	575,00 €	100%
Summe				44.250,00 €	15.525,00 €	20.638,00 €	5.113,00 €	28.725,00 €	65%

Abweichungsursachen	
AP1	genau im Plan
AP2	genau im Plan
AP3	genau im Plan
AP4	geringere Reisekosten
AP5	Umsetzung durch externe Fachleute ist bereits zu einem größeren Teil erfolgt
AP6	Aufgabe noch nicht begonnen
AP7	
AP8	genau im Plan
AP9	genau im Plan
AP10	genau im Plan

Abbildung 31: Beispiel für eine Abweichungsanalyse der Sachkosten inklusive Erläuterungen zu den Abweichungen

Projekt-Tipp

Legen Sie sich im Bedarfsfall einen Ordner an, in dem Sie Kopien der entsprechenden Belege für die Ist-Kosten aufbewahren. Nur so können Sie jederzeit nachvollziehen, welche Kosten zu welchem Zeitpunkt berücksichtigt wurden – und Sie
vermeiden, dass beispielsweise die Buchhaltung gerade nicht besetzt ist, wenn Sie
ganz dringend Belegkopien brauchen! Auch das Einfügen von Kommentarfeldern
an die entsprechenden Excel-Zellen kann helfen, den Überblick zu behalten.

5.2.4 Sonderfall: Kostenkontrolle bei öffentlich geförderten Vorhaben

**Bestim-
mungen
für öffent-
liche
Projekte**

Bei Vorhaben, in die öffentliche Fördermittel einfließen, sind die Abläufe
für das Berichtswesen durch so genannte „Richtlinien" und Ergänzungs-
regelungen wie die „ANBest-P" (also die „Allgemeinen Nebenbestimmungen für die Projektförderung") geregelt. Diese sind zwingend einzuhalten.

Für die Kosten geben die Richtlinien oft direkt vor, dass diese exakt so
wie geplant einzuhalten sind. Eine Erhöhung der Fördermittelanteile ist
im Regelfall ausgeschlossen, und alle Überschreitungen in den entstehenden Kosten sowie Verschiebungen zwischen den Tranchen sind zu
begründen.

Was ist zu tun?

- Berücksichtigen Sie diese Vorgaben auf jeden Fall bereits in Ihrer Projektbuchhaltung. Machen Sie dort deutlich, welche Werte unverän-
  derlich sind. Ebenso können Hinweise helfen, bis wann die entsprechenden Mittel ausgegeben bzw. abgerechnet werden müssen. Auf
  diese Weise können Sie den sonst drohenden Verfall von Fördermitteln verhindern.

**Anforde-
rungen
an Buch-
haltung**

- Denken Sie daran, dass alle Kosten, die über die Planwerte hinaus entstehen, nicht durch öffentliche Mittel gedeckt sind und separat im
  Haushalt vorgesehen bzw. erst mehr oder weniger aufwändig beantragt werden müssen. Dies kann zu Verschiebungen in den zukünftigen Mitteln und Maßnahmen führen und ist nach Möglichkeit zu vermeiden.

Aktueller Projektstand:

Projektphase 6a: Die Projektkosten werden laufend erfasst und mit den Sollwerten
verglichen.

5.3 Terminkontrolle per Gantt-Diagramm oder per Excel-Tabelle

5.3.1 Hintergründe und Ziele

Die Basis für die Kontrolle der Einhaltung der Projekttermine durch die Projektleitung ist der *Projektplan*. Dieser muss im Projektverlauf ständig gepflegt und auf dem aktuellen Stand gehalten werden.

Projektplan aktualisieren

5.3.2 Was ist zu tun?

In dieser Phase stehen folgende Aufgaben an:

- Das mit Excel erzeugte Gantt-Diagramm, also der Balkenplan, zeigt sehr übersichtlich die einzelnen Aufgaben in ihren zeitlichen Abhängigkeiten sowie den aktuell zugeordneten Kalender (s. Abb. 32).

Balkenpläne schnell erstellen

- Erscheint Ihnen dieses Verfahren der „Simulation" eines Gantt-Diagramms zu aufwändig, legen Sie alternativ eine Terminliste an (s. Beispiel in Abb. 34) und tragen dort die jeweils aktuellen Daten für jeden einzelnen Vorgang ein.

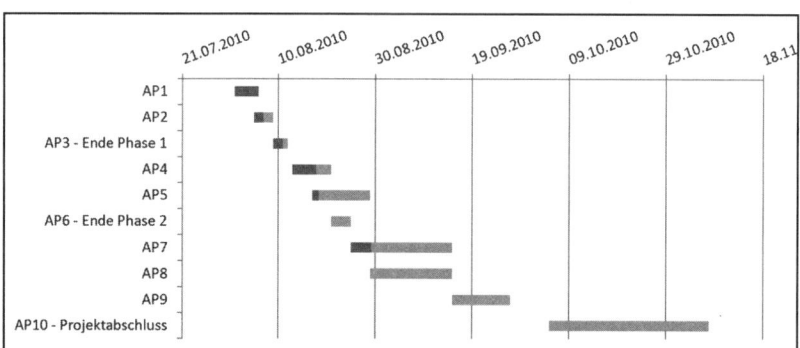

Abbildung 32: Terminüberwachung mit dem Gantt-Balkenplan

- Nach der Erfassung der Anfangs- und Enddaten in der „Gantt-Tabelle" erhalten Sie auf Basis der aktuellen Fertigstellungs-Meldungen „auf Knopfdruck" die aktualisierte Übersicht, ob sich der Fertigstellungs- bzw. Abschlusstermin verschiebt oder nicht.

- Hierbei können Sie in der Tabelle ebenso das Instrument des *Soll-/Ist-Vergleichs* nutzen: Abweichungen können Sie dadurch schnell erkennen. Damit ist auch ein relativ einfacher Überblick über die Erreichung von Meilensteinen und deren Terminsetzung möglich.

- Treten Verzögerungen oder Probleme auf, so müssen Sie natürlich gegensteuern. Um bei der Vielzahl der Teilmodule bzw. Teilaufgaben der Überblick zu behalten, kann ein *Ampelverfahren* (s. Abb. 33) helfen, schnell den aktuellen Status aufzuzeigen: Der Erledigungszustand

Ampelcodes für Überblick

des jeweiligen Teilmoduls bzw. der Teilaufgabe wird dabei mit einem Farbcode entsprechend einer Verkehrsampel kenntlich gemacht:

rot = Termineinhaltung ist kritisch,

gelb = Termineinhaltung läuft aus dem Ruder,

grün = Termineinhaltung ist gesichert.

Abbildung 33: Beim Ampelverfahren wird die Einhaltung der Termine über die Ampelfarbe signalisiert.

Wenn Sie den Ampelcode zusammen mit dem Soll-/Ist-Vergleich bzw. der Terminliste einsetzen, können alle Beteiligten auf einen Blick erkennen, in welchem „Zustand" sich die jeweilige Teilaufgabe bzw. das Arbeitspaket befindet.

5.3.3 Zwei Excel-Muster für die Terminüberwachung

Termine effektiv überwachen

Auf Ihrer CD-ROM zum Buch stehen Ihnen zwei Excel-Vorlage für die Terminüberwachung zur Verfügung: ein Balkendiagramm, das ein Gantt-Diagramm simuliert oder eine einfache Terminüberwachung mit Hilfe einer Excel-Tabelle.

Excel-Mustervorlage auf Ihrer CD-ROM zum Buch:

PM > III-3 Fortschrittskontrolle Dia

PM > III-4 AP Soll-Ist-Vergleich Ter

Arbeitspaket-Bezeichnung	Soll-/Ist-Vergleich (Terminliste)							Ampelcode
	Soll			**Ist**				
	Dauer [Arbeitstage]	Starttermin [Datum]	Endtermin [Datum]	erledigt [Arbeitstage]	Starttermin [Datum]	Endtermin [Datum]		
AP1	5	01.08.2010	06.08.2010	5	01.08.2010	06.08.2010		
AP2	4	05.08.2010	09.08.2010	2	05.08.2010	09.08.2010		
AP3	3	09.08.2010	12.08.2010	2	09.08.2010	12.08.2010		
AP4	8	13.08.2010	21.08.2010	5	13.08.2010	21.08.2010		
AP5	12	17.08.2010	29.08.2010	1	17.08.2010	29.08.2010		
AP6	4	21.08.2010	25.08.2010	0	21.08.2010	25.08.2010		
AP6	21	25.08.2010	15.09.2010	4	25.08.2010	15.09.2010		
AP6	17	29.08.2010	15.09.2010	0	29.08.2010	15.09.2010		
AP6	12	15.09.2010	27.09.2010	0	15.09.2010	27.09.2010		
AP6	33	05.10.2010	07.11.2010	0	05.10.2010	07.11.2010		
Summe	119			19				

Abbildung 34: Einfache Terminüberwachung mit der Terminliste

Das Tabellenblatt **III-4 AP Soll-Ist-Vergleich Ter** ist mit dem „Excel-Balkenplan" und mit der Ermittlung des relativen Fertigstellungsgrades verknüpft. Sie brauchen also bei Bedarf nur die Datumsangaben für die Ist-Werte zu ändern.

Die Farbgebung für den Ampelcode müssen Sie per Hand eintragen (*Füllfarbe*), da die Tabelle diesen nicht selbst ermitteln bzw. entscheiden kann.

Für den täglichen, ganz schnellen Überblick kann es auch sinnvoll sein, ein Whiteboard im Büro zu nutzen und darauf die jeweils anstehenden Termine zu notieren. Alternativ funktioniert das auch mit einer selbsthaftenden Folie, die Sie an die Wand „kleben" können, z. B. „EasyFlip" von Leitz (s. Abb. 35).

White-
board
nutzen

Sie haben mit diesem Hilfsmittel jederzeit die aktuelle Situation im Blick und übersehen keine Fertigstellungs-, Berichts- oder sonstige Zeitpunkte. Sie müssen die Darstellung nur regelmäßig pflegen!

Abbildung 35: Whiteboard-Folie kann helfen, Termine und Zwischenstände transparent zu halten

Aktueller Projektstand:
Projektphase 6a: Die Projekttermine und deren Einhaltung wird laufend überwacht.

5.4 Begleitende Qualitätssicherung

5.4.1 Hintergründe und Ziele

Im Rahmen der Überwachung des Projektfortschritts kommt der Kontrolle der Qualität eine besondere Rolle zu: Die korrekte Umsetzung entsprechend der Vorgaben des Konzepts bzw. Pflichtenhefts muss überwacht werden, um die *gewünschte* Qualität zu erzielen.

Erfolgskri-
terium Um-
setzungs-
qualität

Da in der Praxis die eigentliche Umsetzung aber im Regelfall verschiedene Lösungsansätze ermöglicht, heißt dies, dass jede/r an der Realisierung Beteiligte/r die Lösung etwas anders „bauen" wird. Dies kann dazu führen, dass zwar das Ergebnis an sich stimmt, aber beispielsweise eine neue Software-Lösung im Betrieb zu viele Ressourcen verbraucht oder auch im Sinne der Bedienerführung „zu langsam" oder zu unübersichtlich ist. Auch die gestellten Anforderungen an die Benutzerführung können zwar grundsätzlich erfüllt sein, aber vielleicht nicht 100 %ig dem entsprechen, was die AnwenderInnen in der Praxis für ein „angenehmes" Arbeiten brauchen.

5.4.2 Was ist zu tun?

Qualitäts-sicherung planen

Hier muss die Qualitätssicherung (auch „QS" genannt) aktiv werden und rechtzeitig während der Projektumsetzung die erreichte Qualität prüfen und ggf. gegensteuern. Gerade bei IT-Projekten sind dabei sehr viele Einzelaspekte und Aufgaben zu berücksichtigen:

- Erarbeitung der betrieblichen Grundlagen der Qualitätssicherung. Hierzu gehört auch die Erstellung von Verfahrens- und Abnahmekriterien (s. Kapitel 4.10 „Abnahme der fertigen Lösung") bzw. von QS-Checklisten zur Prüfung der (Software-)Qualität.

- Planung, Koordination, Durchführung und natürlich auch Dokumentation von Systemtests.

- Entwerfen von Test-Szenarien, die am Ziel der Erreichung der gewünschten bzw. erforderlichen Software-Qualität ausgerichtet sind.

- Erstellung von Testkonzepten inklusive Spezifikation der Testziele und der Festlegung der notwendigen Testumgebung. Dazu gehört auch die Erstellung von (regelmäßigen) Testplänen im Rahmen der Software-Entwicklung. Ebenso müssen die Überprüfung der Erreichung der Testziele (Prüfverfahren) sowie die Auswertung der zugehörigen Testprotokolle erfolgen.

- Beschreibung, Erstellung und Implementierung von manuellen und automatisierten Testläufen.

- Planung und Durchführung von Software-Modultests: Funktionstests, Schnittstellentests, aber auch Belastungstests. Auch systemweite Tests bzw. Integrationstests gehören zum Umfang der Qualitätssicherungsaufgaben.

- Ggf. Software-Freigabe nach vorangegangenem und dokumentiertem Test entsprechend der vorgegebenen Qualitätsrichtlinien.

- Erstellung von Fehleranalysen und Berichten über den Testverlauf inklusive Dokumentation der Ergebnisse und der Bewertung der gesamten Qualität der Software bzw. deren Praxis-/Einsatztauglichkeit.

Konzept-erstellung und QS gehen Hand in Hand

Grundsätzlich hängt die Arbeit der Qualitätssicherung sehr stark mit der Qualität der Planung und Vorbereitung des Vorhabens zusammen: Nur, wenn bereits in der Vorbereitungsphase die Konzepte ordentlich erstellt und abgestimmt werden und die notwendigen Arbeitsmittel und Controlling-Tools erstellt sind, kann die Umsetzung so organisiert und durchgeführt werden, dass auch alles zeit- und kostengerecht sowie in der geforderten Qualität erledigt wird.

Für die Durchführung der Qualitätssicherung in der Praxis bedeutet dies:

- Bereiten Sie bereits in der Planungs- und Vorbereitungsphase die Konzepte (s. Kapitel 3.2 „Die Gliederung von Pflichtenheft, Grob- und Feinkonzept") gründlich vor und stimmen Sie die geplanten Lösungsansätze ab!

- Achten Sie besonders darauf, die Projektadministration (s. Kapitel 4 „Werkzeuge für die Projektadministration") gründlich vorzubereiten und alle notwendigen Tabellen, Texte und Übersichten für den späteren Gebrauch zu erstellen.

- Wenn Sie die Qualitätssicherung betreiben: Führen Sie die oben genannten Aufgaben regelmäßig durch bzw. wiederholen Sie die Tests regelmäßig oder nach Bedarf.

> Qualität regelmäßig prüfen

- Wenn es um die Abnahme von Modulen geht: Lassen Sie sich neben den abgestimmten Fakten auch „weiche" Qualitätsfaktoren bestätigen. Prüfen Sie diese ggf. nach – ganz besonders, wenn es um unternehmenskritische Anwendungen geht.

- Nutzen Sie Mechanismen wie das Prototyping, um beispielsweise die Benutzerschnittstellen zu überprüfen und gegensteuern zu können.

- Führen Sie ein „QS-Ampelverfahren" (s. Abb. 36) ein, indem Sie getestete Module oder auch Arbeitspakete bzw. die Gesamtanwendung mit einem Farbcode „bewerten":

rot = Qualität ist kritisch,

gelb = die Qualität entspricht noch nicht den Anforderungen,

grün = die Qualitätsziele wurden erreicht und die Anwendung ist einsatzbereit.

Abbildung 36: Beim Ampelverfahren wird der erreichte Qualitätsstandard über die Ampelfarbe signalisiert.

Bauen Sie eine Ankreuzmöglichkeit für den aktuellen Status in das Formular für den Projektfortschrittsbericht (s. Kapitel 5.5.3 Word-Muster „Projektfortschrittsbericht") ein. So erkennen Sie auf einen Blick den Status der jeweiligen Module bzw. Arbeitspakete und können schnell erkennen, wie es um die Gesamtqualität bestellt ist.

Word-Mustervorlage auf Ihrer CD-ROM zum Buch:

PM - Checkliste Qualitätssicherung

Für diesen Bereich steht Ihnen kein Excel-Muster auf Ihrer CD-ROM zum Buch zur Verfügung, da es sich eher um Prüfungs- und Abfragetätigkeiten handelt.

Projekt-Tipp

Bewahren Sie alle Unterlagen über durchgeführte Qualitätskontrollen in der Projektdokumentation auf.

Richten Sie, wenn es im Projekt mal kritisch wird, einen *Qualitätszirkel* ein, der aus Projektbeteiligten zusammengesetzt ist und sich regelmäßig trifft, um Qualitätsaspekte und die Qualitätsverbesserung zu diskutieren. Fertigen Sie von allen Sitzungen Ergebnisprotokolle an und verfolgen Sie, ob die gewonnenen Erkenntnisse in der Projektpraxis umgesetzt werden.

Aktueller Projektstand:
Projektphase 6a: Die Projektqualität wird laufend überwacht.

5.5 Wochen- und Monatsberichte

5.5.1 Hintergründe und Ziele

Berichtswesen organisieren

Zur Projektüberwachung und -steuerung gehört neben Projektfortschritts-, Termin- und Kostenkontrolle ebenso das Berichtswesen. Sie als ProjektleiterIn müssen in diesem Sinne dafür sorgen, dass Sie jederzeit kompetent und umfassend über den aktuellen Projektstand berichten können. Daher ist es notwendig, bestimmte Mechanismen und Intervalle für Haupt- bzw. Zwischenberichte einzuführen und zwingend einzuhalten.

Hierbei wird unterschieden zwischen

Gremien und Hierarchieebenen berücksichtigen

- *projektinternen Berichten*, dazu gehören auch Berichte an die Vorgesetzten, um jederzeit den aktuellen Stand zu kennen.

- *Berichten für Lenkungsausschuss*, weitere Gremien und „EntscheiderInnen" und

- *externen Berichten an Mittelgeber*, hauptsächlich im öffentlichen Bereich, aber auch bei Vorhaben in der privaten Wirtschaft, die durch öffentliche Fördermittel unterstützt werden. Solche Berichte werden meistens zu bestimmten, im Rahmen der Projektbewilligung festgelegten Zeitpunkten fällig.

Projektinterne Berichte werden Sie einsetzen, um von den ProjektmitarbeiterInnen zu erfahren, wie weit die Arbeitspakete bzw. die Einzelaufgaben umgesetzt sind, während die Berichte für Lenkungsausschuss und Entscheidungsgremien umfangreicher ausfallen müssen und auch anderes aufzubereiten sind.

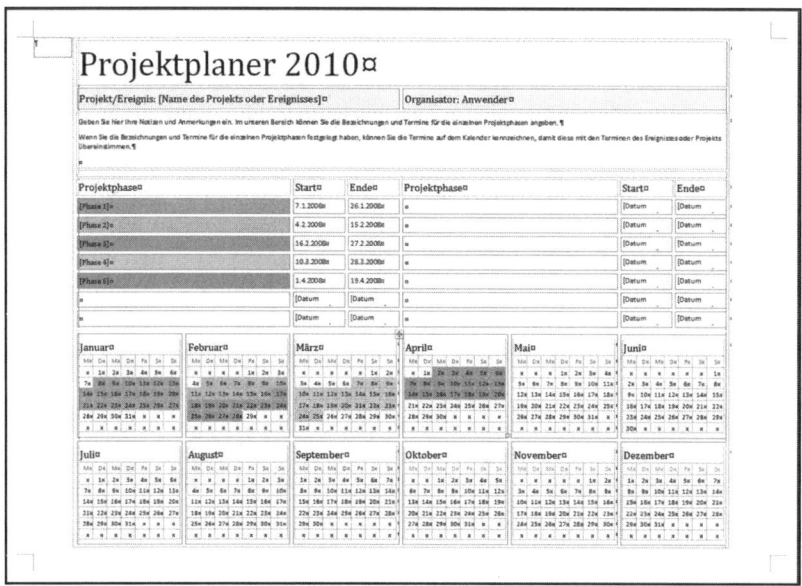

*Abbildung 37: Beispiel einer Grobübersicht über die Projektzeitplanung
(Quelle: Vorlagen auf www.microsoft.com)*

Projekt-Tipp

Entscheidend ist, dass Sie die Berichte der Projektbeteiligten immer schriftlich bekommen. Auch regelmäßige mündliche Berichte der Aufgabenverantwortlichen sind natürlich denkbar, führen aber schnell dazu, dass im Zweifelsfall darauf hingewiesen wird, dass mögliche kritische Phasen bereits angesprochen wurden. Sie können dies dann womöglich nicht widerlegen.

Als Werkzeuge für die Erstellung von Berichten können Sie beispielsweise Microsoft Word, Microsoft Excel oder Microsoft PowerPoint einsetzen und die Aufgabenverantwortlichen bitten, Ihnen damit den aktuellen Stand zusammen zu stellen. Auch für grobe Übersichten (s. Abb. 37) eignen sich diese Werkzeuge gut, da die meisten MitarbeiterInnen sich mit der Funktionalität der Software-Produkten gut auskennen und die Berichtserstellung wenig Lernaufwand erfordert.

5.5.2 Was ist zu tun?

- Je nachdem, in welcher Phase sich das Projekt befindet und ob kritische Situationen auftreten, sollten Sie Wochen- und Monatsberichte vorsehen.

- Versuchen Sie, die Berichte für Ihre ProjektmitarbeiterInnen zu standardisieren: Stellen Sie eine Datei oder ein Formular als „Projektfortschrittsbericht" bereit, in die/das die Teilaufgaben mit ihren Fort-

Basis: Wochen- und Monatsberichte

schritten eingetragen werden. Dabei können Sie sich am Formular für die Arbeitspaket-Beschreibung orientieren (s. Muster in Kapitel 5.5.3).

Berichte knapp halten

- Halten Sie die Berichte aus den Arbeitspaketen bzw. Teilaufgaben so knapp wie möglich, denn die Erstellung kostet auf Seiten der Ersteller und auf Ihrer Seite Zeit.

- Fassen Sie die Wochen- oder Monatsberichte zu einem Überblick zusammen.

- Tragen Sie die gemeldeten Fortschrittsangaben *sofort* in den Projektablaufplan ein – aktualisieren Sie diesen also regelmäßig. So können Sie den Projektfortschritt, auch den „kritischen Pfad" sowie den sich ergebenden Projektendtermin und entstehende Verschiebungen sofort erkennen.

Kürzere Berichtintervalle bei Krisen

- In Krisensituationen kann es nötig sein, auch täglich zu berichten. Treten Produktionsprobleme in Zusammenhang mit neu eingeführten Anwendungen auf, können auch halbtägige oder sogar stündliche Abfragen nötig sein – denken Sie nur einmal an ausgefallene Geldautomaten im Bankbereich!

Auf diese Weise erfahren Sie regelmäßig alles über den aktuellen Projektstand und können eine komprimierte Fassung „nach oben" weiterleiten.

5.5.3 Word-Muster „Projektfortschrittsbericht"

Das Muster für den Projektfortschrittsbericht liegt auf der Buch-CD als Word-Dokument vor; Sie können dieses Muster aber auch in der Word-Datei kopieren und in Excel einfügen und bearbeiten.

Unabhängig ob Sie in Word oder Excel mit dem Muster arbeiten: Tragen Sie die entsprechenden Daten und Texte in die Tabelle ein.

Word-Mustervorlage auf Ihrer CD-ROM zum Buch:

PM – Projektfortschrittsbericht

Achten Sie darauf, die Berichte wirklich *regelmäßig* anzufertigen. Halten Sie auch selbst die Termine ein, und behalten Sie die Berichtsabgabe Ihren ProjektmitarbeiterInnen im Auge.

Das mit Sicherheit vorgebrachte Argument, dass die Berichte zusätzliche Zeit fressen und das Projekt verzögern, mag angebracht sein; Sie können aber damit kontern, dass einerseits das Berichtswesen zwingend durchgeführt werden muss und andererseits der Aufwand durch die Bereitstellung der entsprechenden Vorlagen so gering wie möglich gehalten wird.

Das Formular für den Projektfortschrittsbericht:

Projektfortschrittsbericht			
Projektname:			
Teilprojekt-Bezeichnung:			
Arbeitspaket-Bezeichnung:		AP-Nr.:	
Arbeitspaket-Status	☐ in Arbeit _____ % fertig ☐ abgeschlossen Ampelstatus: ☐ rot ☐ gelb ☐ grün		
Durchgeführte Tätigkeiten / Maßnahmen / Einzelaufgaben:			
Probleme / Verzögerungen / Lösungsansatz und Terminsetzung:			
Ausführende/r MitarbeiterIn:			
Aufgabenverantwortliche/r:			

Aktueller Projektstand:

Projektphase 6a: Wochen- und Monatsberichte werden termingerecht erstellt, und es wird über den aktuellen Projektstand und die erreichten Ergebnisse berichtet.

5.6 Projektteamsitzungen

5.6.1 Hintergründe und Ziele

Neben den schriftlichen Projektberichten aus der „Umsetzungsebene" ist es notwendig, auch regelmäßige Projektteamsitzungen einzuberufen und dort über den aktuellen Stand, Verzögerungen und Probleme zu berichten.

Informationsaustausch im Team

5.6.2 Was ist zu tun?

Bereiten Sie Projektteamsitzungen sorgfältig vor:

- Achten Sie bei der Terminplanung auf nicht zu lange Intervalle zwischen den Sitzungen.
- Berücksichtigen Sie Ferien- und Urlaubszeiten.

Immer eine Tagesordnung erstellen

- Erstellen Sie eine Tagesordnung und versenden Sie diese rechtzeitig vor der Sitzung an die Beteiligten. Fügen Sie notwendige Sitzungsunterlagen entweder gleich bei, oder versenden Sie diese später, aber rechtzeitig.

- Bitten Sie in Ihrer Einladung um eine kurze Rückmeldung, ob die entsprechende Person auch tatsächlich teilnimmt. Bei Absage ist ein/e VertreterIn zu benachrichtigen.

- Buchen Sie einen Besprechungsraum, und bestellen Sie auch Getränke. Stellen Sie fest, ob Sie für den Raum einen Schlüssel brauchen.

- Stellen Sie die notwendige Technik bereit (Beamer, Laptop).

- Sorgen Sie dafür, dass vor der Sitzung die notwendigen Präsentationen als Dateien auf dem Präsentations-Laptop liegen. Beschaffen Sie sich – wenn notwendig – das für die Anmeldung am Laptop notwendig Passwort und die zugehörige Benutzerkennung.

- Nehmen Sie zwei oder drei Kopien der vorbereiteten und versendeten Sitzungsunterlagen mit, um darauf vorbereitet zu sein, wenn jemand die Unterlagen vergessen hat.

- Projektteamsitzungen dürfen nicht endlos dauern. Achten Sie drauf, dass die verabredeten Zeiten für die Sitzung eingehalten werden.

Beim Ablauf der Sitzungen sollte es darum gehen, alle Beteiligten mit dem aktuellen Stand zu versorgen (der eigentlich in Form der vorbereiteten Unterlagen vorliegen sollte).

Probleme, technische und betriebswirtschaftliche Fragen sollten diskutiert und mögliche Lösungen besprochen werden. Achten Sie darauf, „freie" Diskussionen zu vermeiden.

Ergebnisse protokollieren

In einem Protokoll sollte alles festgehalten und mit den Beteiligten abgestimmt werden.

5.6.3 Zwei Word-Muster „Projektteamsitzungen"

Für diesen Bereich bietet sich eher die Nutzung von Word an, da umfangreiche Texte zu erfassen sind. Auf Ihrer CD-ROM zum Buch haben Sie Zugriff auf ein Muster zu einer Tagesordnung und ein Muster für ein Sitzungsprotokoll.

> Zwei Word-Mustervorlagen auf Ihrer CD-ROM zum Buch:
>
> PM – Vorbereitung Projektteamsitzung
>
> PM – Protokoll Projektteamsitzung

5.6.4 Hinweise zur Bedienung der Muster

Die vorbereitete Tagesordnung sollten Sie mit allen relevanten zu besprechenden Punkten füllen und dabei die wichtigsten Punkte als einzelne

Tagesordnungspunkte „TOP" benennen. Damit erhalten alle TeilnehmerInnen einen sofortigen Überblick über die anstehenden Punkte und können sich entsprechend vorbereiten.

Projektteamsitzung „<Projektname>" am TT.MM.JJJJ

Dauer: von hh:mm–hh:mm
TeilnemerInnen: <Namen>
Sitzungsort: <Sitzungsort>

Tagesordung

TOP 1: Begrüßung

TOP 2: Aktueller Projektstand/Erledigungsgrad

TOP 3: Vorbereitung Bericht an den Vorstand

TOP 4: Schulungsbedarfe

TOP 5: Verschiedenes

Abbildung 38: Muster einer Tagesordnung zur Vorbereitung einer Projektteamsitzung

---

Protokoll der Projektteamsitzung „<Projektname>" am TT.MM.JJJJ

Dauer: von hh:mm–hh:mm
TeilnemerInnen: <Namen>
Sitzungsort: <Sitzungsort>

Verteiler: <Namen/Abteilungen der Personen, die das Protokoll erhalten sollen>

TOP	Beschreibung/Ergebnisse	Wer?	Bis wann?
TOP 1	Begrüßung		
TOP 2	Aktueller Projektstand/Erledigungsgrad		
TOP 3	Vorbereitung Bericht an den Vorstand		
TOP 4	Schulungsbedarfe		
TOP 5	Verschiedenes		

Abbildung 39: Muster einer Protokoll-Datei

5.6.5 Ergänzende Informationen

Wenn Sie die Tagesordnung fertig gestellt haben, können Sie auf dieser Grundlage auch das Protokoll der Sitzung als Datei vorbereiten. Die wichtigsten Besprechungspunkte haben Sie bereits vorliegen und können daher relativ schnell eine Basisversion für das Protokoll anlegen.

Das Protokoll kann auch tabellarisch aufgebaut sein und Spalten für Aufgaben, Zuständigkeit und Termine beinhalten. Dies erleichtert die Kontrolle in der nächsten Sitzung.

Aktueller Projektstand:
Projektphase 6a: Projektteamsitzungen finden regelmäßig statt.

5.7 Sitzungen des Lenkungsausschusses

5.7.1 Hintergründe und Ziele

Lenkungs-ausschuss greift steuernd ein

Für Sitzungen des Lenkungsausschusses oder anderer entsprechender Gremien gelten in der Vorbereitung die gleichen Regeln wie für Projektteamsitzungen.

Der Sitzungsablauf wird in der Regel von dem/der Vorsitzenden geleitet und richtet sich nach der vorbereiteten Tagesordnung. Sofern notwendig werden zusätzliche aktualisierte Informationen erbeten.

5.7.2 Was ist zu tun?

Sitzungs-vorbe-reitung

Bereiten Sie Folgendes vor:

- Kurzer aktueller Sachstandsbericht der Projektleitung. Dabei sollten Sie Informationen geben sowohl über die erzielten Fortschritte als auch über aufgetretene Probleme und mögliche oder bereits eingetretene Verzögerungen.

- Besonders deutlich gemacht werden sollte, in welchen Fällen vom Gremium Entscheidungen erwartet werden. Diese müssen in den Unterlagen so vorbereitet sein, dass im Prinzip eine „Ja/Nein"-Entscheidung möglich ist.

- Achten Sie darauf, ein Protokoll anzufertigen. Dies kann ein Ergebnisprotokoll oder ein Verlaufsprotokoll sein, je nachdem, welcher Stil im Unternehmen gepflegt wird.

- Geben Sie nach der entsprechenden Sitzung die Basisinformationen an die ProjektmitarbeiterInnen weiter. Dies gilt besonders, wenn durch Entscheidungen des Lenkungsausschusses der Projektverlauf verändert wird.

5.7.3 Word-Muster „Lenkungsausschusssitzungen"

Für diesen Bereich bietet sich eher die Nutzung von Word an. Nutzen Sie die gleichen Vorlagen wie für die Projektteamsitzung (s. Kapitel 5.6 „Projektteamsitzungen").

5.8 Personalmanagement

5.8.1 Hintergründe und Ziele

Zu den Aufgaben der Projektleitung gehört auch das Management des Projektpersonals. Dies allerdings weniger im Sinne der Personalverwaltung als im Sinne der Ressourcen- bzw. Kapazitätsplanung.

Es kann in jedem Projekt vorkommen, dass unvorhergesehene Personalveränderungen eintreten, beispielsweise dadurch, dass MitarbeiterInnen das Projekt bzw. die Firma verlassen – und sei es, weil befristete Verträge nicht verlängert wurden. Ebenso kann Personalmehrbedarf entstehen, da zusätzliche Aufgaben hinzugekommen sind oder die Komplexität sich erhöht hat. Auch Veränderungen in der Personalzumessung für einzelne Arbeitspakete oder Teilaufgaben kommen vor. Ebenso können sich durch längere Krankheiten Personalsituationen verschärfen, und Sie müssen gegensteuern. Wenn externe Partner eingebunden sind, kann sich auch dort die personelle Ausstattung bzw. die Zuordnung zu Ihrem Projekt ändern.

> Personal als Basis für Umsetzung

Insgesamt müssen Sie also gerade auch personell viel überwachen und planen. Für Sie als ProjektleiterIn bedeutet dies, solche Veränderungen vorzubereiten und auch die möglicherweise vorhandenen Endtermine von Arbeitsverträgen im Auge zu behalten.

Da die Beschaffung zusätzlichen Personals immer Zeit kostet, sollten Sie umgehend reagieren, wenn sich die Notwendigkeit hierfür abzeichnet.

5.8.2 Was ist zu tun?

Folgende Aufgaben stehen an:

- Planen Sie für Ihre Arbeit als ProjektleiterIn ein, gerade auch die Ressourcen- bzw. Personalpläne regelmäßig zu prüfen und zu überlegen, ob die eingeplanten Ressourcen ausreichen.

- Merken Sie absehbare bzw. geplante Veränderungen im Kalender vor und lassen Sie sich rechtzeitig erinnern, dass diese Veränderungen anstehen (Vorlaufzeit einplanen!).

- Halten Sie je nach Komplexität des Vorhabens die für die Bearbeitung der Einzelaufgaben bzw. der Arbeitspakete notwendigen Qualifikationsanforderungen bereit. Hier können Sie auch auf die Arbeitsplatzbeschreibungen der Personalabteilung oder des Fachbereiches zurückgreifen.

5.8.3 Excel-Muster „Personalmanagement"

Ein entsprechendes Muster zur Personalplanung kennen Sie bereits aus der Ressourcenplanung (s. Kapitel 3.5 „Ressourcen-Feinplanung: Gesamtübersicht erstellen"). Nutzen Sie ggf. die entsprechende Übersicht zusammen mit den Tabellen zur Kostenplanung (s. Kapitel 3.7 „Kosten- und Budgetfeinplanung"), wenn es darum geht, die Aufstellungen zu aktualisieren und ggf. entsprechenden Veränderungen im Projekt anzupassen.

Projekt-Tipp

Wenn Sie immer die gleichen Excel-Tabellen oder Word-Musterdokumente verwenden, vermeiden Sie Chaos, das durch „Zwischenauswertungen", „Kurzübersichten" oder andere temporäre Versionen entsteht.

Excel-Mustervorlage auf Ihrer CD-ROM zum Buch:

Für das Personalmanagement nutzen Sie bitte die Ressourcenplanung, die Sie aus Kapitel 3.5 bereits kennen:

PM > I-3 Ressourcenliste

Aktueller Projektstand:

Projektphase 6a: Die vorhandenen bzw. benötigten Personalressourcen werden überwacht und ggf. wird umgeplant.

6 Werkzeuge für die Betriebswirtschaft des Projekts

In diesem Abschnitt:

- Arbeitszeit- und Arbeitskostenerfassung
- Einnahmen- und Ausgabenerfassung
- Effektive Rechnungsbearbeitung
- Soll-/Ist-Vergleiche
- Projektabrechnung
- Berichtswesen mit regelmäßigen Fortschrittsberichten
- Ergebnispräsentation

In Projekten kommt – wie oben erwähnt – oft das Projektcontrolling, also die Überwachung der Projektkosten, zu kurz. Ursache ist die fast vollständige Konzentration auf die inhaltliche bzw. technische Lösung der Aufgabenstellungen.

6.1 Hintergründe und Ziele

Gerade in technischen Projekten, in denen naturgemäß hauptsächlich Ingenieure bzw. Fachleute eingebunden sind, haben diese oft auch gar keinen fachlichen Blick für die betriebswirtschaftlichen Aufgaben und Fragestellungen. Dabei sind diese immer ein entscheidender Nebenschauplatz in der Projektumsetzung, da jederzeit überwacht werden muss, wie sich beispielsweise Verzögerungen, geänderter Personaleinsatz oder Umplanungen auswirken. Mit den geeigneten Werkzeugen erleichtern Sie sich die entsprechenden Aufgaben wesentlich.

Controlling-aufwand nicht unterschätzen!

Unterschätzen Sie allerdings nicht den Aufwand! Ein funktionierendes „Nebenbei-Controlling" ist in der Praxis nur sehr schwer durchzuhalten.

6.2 Was ist zu tun?

Der Einsatz eines effektiven Projektcontrollings ist in *jedem* Projekt zwingend nötig. Hierbei geht es um folgende Punkte:

- die Personalkosten zu erfassen und zu überwachen,
- alle Sachkosten zu erfassen und zu überwachen,
- die Grundlage für ein effektives Berichtswesen bereit zu stellen,
- einen jederzeitigen Abgleich mit dem erzielten Projektfortschritt zu ermöglichen,

- Soll-/Ist-Vergleiche anzustellen und Abweichungen von den Planwerten zu erkennen.

Hierfür brauchen Sie zum einen die entsprechenden Werkzeuge, wie zum Beispiel die entsprechenden Excel-Tabellen, vorbereitete Word-Dokumente oder auch PowerPoint-Präsentationen.

Informationen bei Beteiligten abfragen

Zum anderen sind Sie auf die Zulieferung der notwendigen Informationen angewiesen, also beispielsweise aktuelle Angaben über den Projektfortschritt. Dies bedeutet wiederum, dass beim Projektcontrolling der direkte Draht zu den beteiligten MitarbeiterInnen sehr wichtig ist, um verlässliche Daten bzw. Aussagen zu erhalten.

6.3 Arbeitszeiten und Arbeitskosten erfassen

6.3.1 Hintergründe und Ziele

Genaue Kontrolle der Arbeitskosten

Arbeitskosten stellen in vielen Projekten den größten Kostenblock dar, da meistens Lösungen erst durch das eingesetzte Personal im Rahmen ihrer Arbeitsverträge entwickelt und betreut werden. Für das Controlling ist es entscheidend, die anfallenden Arbeitskosten zu ermitteln und festzuhalten.

Schaffen Sie folgende Grundlagen:

- Stellen Sie fest, ob es Vorgaben für die Zeiterfassung und -abrechnung gibt. In öffentlich geförderten Vorhaben sind die einzusetzenden Time Sheets meist als Formulare vorgegeben.

- Legen Sie fest, welche Methode Sie bevorzugen: Time Sheets, die von allen ProjektmitarbeiterInnen geführt werden, haben sich in der Praxis bewährt (s. Muster in Abb. 40).

- Bei einem elektronischen Zeiterfassungs- und Zeitabrechnungsverfahren: Wenn Sie als ProjektleiterIn die Berechtigung erhalten müssen, die Arbeitszeitlisten elektronisch abrufen oder überhaupt anfordern zu können, so sprechen Sie mit Ihrem/Ihrer Vorgesetzten.

- Beschaffen Sie Gehaltsangaben für die ProjektmitarbeiterInnen. Die entsprechenden Werte müssen in die Time Sheets eingetragen und dort auch per Stempel und Unterschrift bestätigt werden. Denken Sie daran, dass die Beschaffung der Gehaltszahlen manchmal schwierig und zeitaufwändig werden kann – z. B. wenn unterjährig Tarifveränderungen stattgefunden haben oder die Jahres-Gehaltssumme aus irgendwelchen Gründen noch nicht exakt ermittelt werden kann.

- Prüfen Sie, ob Überstundenregelungen zu treffen sind (anmelden beim Betriebsrat!) und wie diese abgerechnet werden.

Wir gehen hier im Weiteren von einer Erfassung der im Projekt geleisteten Arbeitszeiten per *Time Sheet* aus. In diesem Fall bekommen Sie die

Zeiterfassungsunterlagen direkt „in die Hand" und können diese vergleichen und auswerten.

6.3.2 Was ist zu tun?

Checkliste für die Einführung und Nutzung von Time Sheets:

Time Sheets: oft ungeliebt, aber notwendig

- Erstellen Sie Dateien für die tägliche Erfassung der Arbeitszeit oder nutzen Sie die vorgegebenen Muster auf der CD-ROM zum Buch – sofern Sie kein zentrales Arbeitszeit-Erfassungssystem nutzen.

- Sperren Sie die „Basisdatenfelder" (Name, Abteilung, Gehalt, Wochenarbeitszeit etc.) durch Einstellung eines entsprechenden Schutzes (z. B. in Excel), damit diese nicht überschrieben bzw. von Fremden gelesen werden können.

- Erstellen Sie in jeder Datei (oder übergeordnet) eines oder mehrere Summenblätter, sodass Sie jederzeit den Überblick über den Monats-/Jahres- und Gesamtzeitverbrauch und die entstandenen Kosten haben.

- Lassen Sie die Time Sheet-Dateien so ablegen, dass Sie als ProjektleiterIn darauf Zugriff haben, jedoch nach Möglichkeit die ProjektmitarbeiterInnen nicht untereinander auf die Dateien zugreifen können. So vermeiden Sie Unruhe (und auch ungewollte Einblicke in die Gehälter der anderen Beteiligten).

- Achten Sie darauf, dass die Time Sheets *täglich* gepflegt werden: Sie wissen nicht, ob einzelne ProjektmitarbeiterInnen nicht vom nächsten Tag an durch Unfall oder Krankheit längere Zeit ausfallen. Werden die Time Sheets dann nur einmal pro Vierteljahr gepflegt, können Sie nicht mehr kompetent auswerten und berichten – ganz abgesehen davon, dass niemand in der Lage ist, über mehrere Wochen rückwärts nachträglich zu ermitteln, was mit welchem Aufwand wann erledigt wurde.

- Gleichen Sie die Time Sheets daraufhin ab, dass z. B. Besprechungszeiten auch von allen Beteiligten gleichartig eingetragen wurden. Im Fall einer Prüfung wäre es peinlich, wenn die Wochenbesprechung teilweise dienstags und teilweise mittwochs oder auch mit unterschiedlichen Uhrzeiten und unterschiedlicher Dauer eingetragen wäre.

Auf diese Weise ist es möglich, ständig die Personalkosten bzw. den Zeitverbrauch im Projekt unter Kontrolle zu haben.

Aktueller Projektstand:
Projektphase 5a/6a: Arbeitszeiten und Arbeitskosten werden laufend erfasst.

6.3.3 Drei Excel-Muster zur Arbeitszeiterfassung

Für die Zeiterfassung stehen Ihnen mehrere Tabellen zur Verfügung:

Excel-Mustervorlage auf Ihrer CD-ROM zum Buch:

Zur Arbeitszeit-Erfassung

PM – Arbeitszeiterfassung leer

Time Sheet Muster

PM – Timesheet leer

Tabelle für die Summierung der täglichen Arbeitszeit pro Projekt

PM – Arbeitszeitverteilung auf die Projekte

6.3.4 Hinweise zur Bedienung des Excel-Musters

Muster-tabelle für schnelle Erfassung

Die Mustertabellen sind darauf ausgerichtet, die Arbeitszeit im Format *Stunden:Minuten* zu erfassen. Dabei wird pro Tag sowohl die Tagessumme ermittelt und in der rechten Spalte dargestellt, als auch die Monats- bzw. Jahressumme.

- Benennen Sie die Spalten mit den Bezeichnungen für Ihre (Teil-)Projekte und erfassen Sie pro Projekt und Arbeitstag die jeweils benötigte Zeit.

- Achten Sie darauf, dass die tägliche Arbeitszeit in Ihrem Zeiterfassungssystem („Stempeluhr") exakt mit der Summe der in der Tabelle „gebuchten" Projektzeiten übereinstimmt (sofern Sie ausschließlich in Projekten arbeiten). Sonst kann es bei externen Prüfungen sehr schnell dazu kommen, dass Ihr Erfassungssystem bzw. die Richtigkeit Ihrer Projektabrechnung in Frage gestellt wird.

Projekt-Tipp

Achten Sie unbedingt darauf, die Arbeitszeitverteilung auf die verschiedenen (Teil-)Projekte **täglich** zu erfassen. Damit haben Sie den Vorteil, dass jeder Tag sauber abgebildet ist und Sie jederzeit Auskunft über die einzelnen Zeitbedarfe geben können.

Zudem vermeiden Sie damit den Nachteil, dass Sie spätestens nach einer Woche nicht mehr exakt sagen können, an welchem Tag Sie wie viel Zeit für welches Projekt verbracht haben. Wenn letzterer Fall eintritt, sollten Sie entweder sofort auf die tägliche Erfassung umschwenken oder diesen Teil ganz weglassen, denn in dem Fall ist er sinnlos – bedenken Sie aber die möglichen Folgen wie fehlerhafte Nachweise und falsche Abrechnungen.

Arbeitszeit-Erfassung

Bitte in die grün markierten Felder die persönlichen Angaben eintragen und
die Werte aus dem Vorjahr übertragen.
Bei Urlaub oder Krankheit Sollzeit des Tages auf 0:00 setzen.

Name	Name, Vorname	
Abteilung / Sachgebiet	Sachgebiet	
Monat / Jahr	Januar	2011
Wochenarbeitszeit [hh:mm]	40:00 Stunden	
Arbeitstage pro Woche [Anzahl]	5,0 Tage	
Arbeitsstunden pro Tag [hh:mm]	08:00 Stunden	
Pausendauer pro Tag [hh:mm]	00:30 Stunden	

Übertrag aus Vormonat [dezimal: hh,mm]   0,00 Stunden

Wochentag	Datum	kommt [Uhrzeit, hh:mm]	geht [Uhrzeit; hh:mm]	Dauer Pause [hh:mm]	it Ist [hh:mm]	Arbeitsze it Soll [hh:mm]	Saldo Stunden [hh,mm]	Saldo Stunden [hh:mm]	Anmerkung
Montag	03.01.2011				00:00	08:00	-8,00	-8:00	
Dienstag	04.01.2011				00:00	08:00	-8,00	-8:00	
Mittwoch	05.01.2011				00:00	08:00	-8,00	-8:00	
Donnerstag	06.01.2011				00:00	08:00	-8,00	-8:00	
Freitag	07.01.2011				00:00	08:00	-8,00	-8:00	
	08.01.2011				00:00		0,00	-0:00	
	09.01.2011				00:00		0,00	-0:00	
Montag	10.01.2011				00:00	08:00	-8,00	-8:00	
Dienstag	11.01.2011				00:00	08:00	-8,00	-8:00	
Mittwoch	12.01.2011				00:00	08:00	-8,00	-8:00	
Donnerstag	13.01.2011				00:00	08:00	-8,00	-8:00	
Freitag	14.01.2011				00:00	08:00	-8,00	-8:00	
	15.01.2011				00:00		0,00	-0:00	
	16.01.2011				00:00		0,00	-0:00	
Montag	17.01.2011				00:00	08:00	-8,00	-8:00	
Dienstag	18.01.2011				00:00	08:00	-8,00	-8:00	
Mittwoch	19.01.2011				00:00	08:00	-8,00	-8:00	
Donnerstag	20.01.2011				00:00	08:00	-8,00	-8:00	
Freitag	21.01.2011				00:00	08:00	-8,00	-8:00	
	22.01.2011				00:00		0,00	-0:00	
	23.01.2011				00:00		0,00	-0:00	
Montag	24.01.2011				00:00	08:00	-8,00	-8:00	
Dienstag	25.01.2011				00:00	08:00	-8,00	-8:00	
Mittwoch	26.01.2011				00:00	08:00	-8,00	-8:00	
Donnerstag	27.01.2011				00:00	08:00	-8,00	-8:00	
Freitag	28.01.2011				00:00	08:00	-8,00	-8:00	
	29.01.2011				00:00		0,00	-0:00	
	30.01.2011				00:00		0,00	-0:00	
Montag	31.01.2011				00:00	08:00	-8,00	-8:00	
Dienstag					00:00	00:00			
Mittwoch					00:00	00:00			
Donnerstag					00:00	00:00			
Freitag					00:00	00:00			
					00:00				
GESAMT					00:00	168:00	-168,00		

Monatssaldo dezimal [hh,mm]   -168,00
Monatssaldo in Stunden [hh:mm]   -168:00
Gesamtsaldo dezimal [hh,mm]   -168,00 Stunden

Gesamtsaldo   **-168:00 hh:mm**

Übersicht über Urlaubsanspruch und genommene Urlaubstage:
Urlaubsanspruch [Anzahl Tage]	30
Genommene Urlaubstage in diesem Monat:	0
In Vormonaten genommene Urlaubstage im Gesamtjahr	0
Bis einschl. dieses Monats genommene Urlaubstage	0
Restanspruch Urlaubstage	30

Datum / Handzeichen Mitarbeiterln:	Datum / Handzeichen Vorgesetzte/r:	Datum / Handzeichen Verwaltung:

Abbildung 40: Tabelle für die tägliche Erfassung der Arbeitszeit pro Projekt

Personalkosten laut Time Sheets: Jahressumme

Jahr	**2011**
Vorhaben	Projektname
Arbeitgeber	Firmenname
Name des / der Angestellten	Name Projektmitarbeiterln
Arbeitgeber-Bruttogehalt pro Jahr (incl. Steuern und Sozialabgaben)	50.400,00 €
Durchschnittliche Tagesarbeitszeit (Stunden; entspr. Arbeitsvertrag)	7,80
AG-Bruttogehalt pro Stunde	29,37 €

	Summe		
Monat	**Stunden**	**Tage**	**SUMME [€]**
Januar	63,25	8,11	1.857,69 €
Februar	0,00	0,00	0,00 €
März	0,00	0,00	0,00 €
April	0,00	0,00	0,00 €
Mai	0,00	0,00	0,00 €
Juni	0,00	0,00	0,00 €
Juli	0,00	0,00	0,00 €
August	0,00	0,00	0,00 €
September	0,00	0,00	0,00 €
Oktober	0,00	0,00	0,00 €
November	0,00	0,00	0,00 €
Dezember	0,00	0,00	0,00 €
	63,25	**8,11**	**1.857,69 €**

blaue Zellen werden automatisch berechnet und sind geschützt

Datum / Unterschrift des /der Angestellten: _____

Datum / Unterschrift Arbeitgeber: _____

Stempel des Arbeitgebers: _____

Hinweis: Alle Time Sheets müssen unterschrieben und gestempelt werden (= 2 Unterschriften)

Abbildung 41: Time Sheet Muster (Summenblatt)

Time sheet			

Monat	Januar	2011	
Vorhaben	Projektname		
Arbeitgeber	Firmenname		
Name Angestellte/r	Name Projektmitarbeiterin		
Gehalt pro Stunde [€]	29,37 €		

Tag	Aktivität [Beschreibung; Projektrelevanz muss erkennbar sein!]	Ort [Stadt, Land]	Anzahl Arbeits- stunden [dezimal]	Gehaltskosten [EUR]
1				0,00 €
2				0,00 €
3				0,00 €
4				0,00 €
5				0,00 €
6				0,00 €
7				0,00 €
8				0,00 €
9				0,00 €
10				0,00 €
11				0,00 €
12	Konzeptarbeit	Hannover	4,75	139,51 €
13	Teilnahme Auftaktveranstaltung	Lüneburg	10,00	293,71 €
14	Nacharbeiten Tagung; Zusammenfassung Ergebnisse und Besprechung	Hannover	8,25	242,31 €
15	Konzeptarbeit; Vorbereitung Sitzung	Hannover	7,00	205,59 €
16	Ergänzung Zusammenfassung Tagung, Konzept BWL	Hannover	2,75	80,77 €
17				0,00 €
18				0,00 €
19	Konzept BWL	Hannover	4,00	117,48 €
20	Konzept IT; Telefonate	Hannover	4,25	124,83 €
21	Veranstaltung	Oldenburg	9,25	271,68 €
22	Zusammenstellen Bewertungskriterien QS	Hannover	8,25	242,31 €
23	Zusammenstellen Bewertungskriterien QS	Hannover	4,75	139,51 €
24				0,00 €
25				0,00 €
26				0,00 €
27				0,00 €
28				0,00 €
29				0,00 €
30				0,00 €
31				0,00 €
			63,25	1.857,69

Datum / Unterschrift des /der Angestellten: _____

Datum / Unterschrift Arbeitgeber: _____

Abbildung 42: Time Sheet Muster (Monatsblatt)

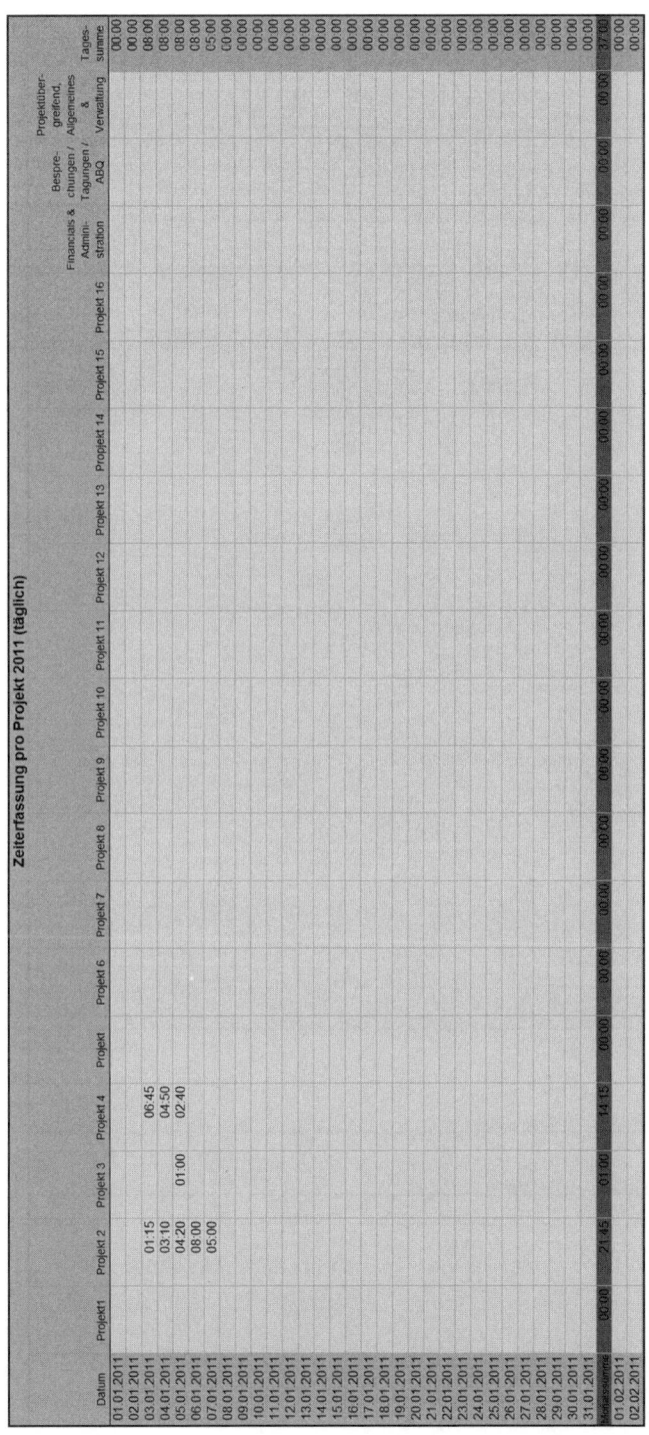

Abbildung 43: Tabelle für die tägliche Erfassung der Arbeitszeit pro Projekt

> **Projekt-Tipp**
>
> Lassen Sie, wenn in mehreren Projekten gleichzeitig gearbeitet wird, auch die Verteilung der täglichen Arbeitszeiten auf die verschiedenen Vorhaben in einer Tabelle erfassen (siehe Muster in Abb. 43). Dies hilft, Überlastungen von MitarbeiterInnen zu erkennen und die Abrechnung zu erleichtern.

Über eine automatische Summierungsfunktion in einem weiteren Tabellenblatt erhalten Sie gleichzeitig die Summierung pro Projekt sowie eine prozentuale Verteilung der Arbeitszeit auf die verschiedenen (Teil-)Projekte (s. Abb. 44).

Automatische Summierung

Verteilung der Arbeitszeit auf die einzelnen Projekte 2011

Projekt	Stunden [hh:mm]	Januar 11 [hh:mm]	Februar 11 [hh:mm]	März 11 [hh:mm]	April 11 [hh:mm]	Mai 11 [hh:mm]	Juni 11 [hh:mm]	Juli 11 [hh:mm]	August 11 [hh:mm]	September 11 [hh:mm]	Oktober 11 [hh:mm]	November 11 [hh:mm]	Dezember 11 [hh:mm]	SUMME [hh:mm]	Anteil [%]
Projekt 1		00:00	00:00	00:00	00:00	00:00	00:00	00:00	00:00	00:00	00:00	00:00	00:00	00:00	0,0
Projekt 2		21:45	00:00	00:00	00:00	00:00	00:00	00:00	00:00	00:00	00:00	00:00	00:00	21:45	58,8
Projekt 3		01:00	00:00	00:00	00:00	00:00	00:00	00:00	00:00	00:00	00:00	00:00	00:00	01:00	2,7
Projekt 4		14:15	00:00	00:00	00:00	00:00	00:00	00:00	00:00	00:00	00:00	00:00	00:00	14:15	38,5
Projekt 5		00:00	00:00	00:00	00:00	00:00	00:00	00:00	00:00	00:00	00:00	00:00	00:00	00:00	0,0
Projekt 6		00:00	00:00	00:00	00:00	00:00	00:00	00:00	00:00	00:00	00:00	00:00	00:00	00:00	0,0
Projekt 7		00:00	00:00	00:00	00:00	00:00	00:00	00:00	00:00	00:00	00:00	00:00	00:00	00:00	0,0
Projekt 8		00:00	00:00	00:00	00:00	00:00	00:00	00:00	00:00	00:00	00:00	00:00	00:00	00:00	0,0
Projekt 9		00:00	00:00	00:00	00:00	00:00	00:00	00:00	00:00	00:00	00:00	00:00	00:00	00:00	0,0
Projekt 10		00:00	00:00	00:00	00:00	00:00	00:00	00:00	00:00	00:00	00:00	00:00	00:00	00:00	0,0
Projekt 11		00:00	00:00	00:00	00:00	00:00	00:00	00:00	00:00	00:00	00:00	00:00	00:00	00:00	0,0
Projekt 12		00:00	00:00	00:00	00:00	00:00	00:00	00:00	00:00	00:00	00:00	00:00	00:00	00:00	0,0
Projekt 14		00:00	00:00	00:00	00:00	00:00	00:00	00:00	00:00	00:00	00:00	00:00	00:00	00:00	0,0
Projekt 15		00:00	00:00	00:00	00:00	00:00	00:00	00:00	00:00	00:00	00:00	00:00	00:00	00:00	0,0
Projekt 16		00:00	00:00	00:00	00:00	00:00	00:00	00:00	00:00	00:00	00:00	00:00	00:00	00:00	0,0
Finanzials & Administration		00:00	00:00	00:00	00:00	00:00	00:00	00:00	00:00	00:00	00:00	00:00	00:00	00:00	0,0
Bespre-chungen / Tagungen / ABQ		00:00	00:00	00:00	00:00	00:00	00:00	00:00	00:00	00:00	00:00	00:00	00:00	00:00	0,0
Projektüber-greifend, Allgemeines & Ve		00:00	00:00	00:00	00:00	00:00	00:00	00:00	00:00	00:00	00:00	00:00	00:00	00:00	0,0
SUMME		37:00	00:00	00:00	00:00	00:00	00:00	00:00	00:00	00:00	00:00	00:00	00:00	37:00	100,0

Projekt	prozentual	Januar 07 [%]	Februar 07 [%]	März 07 [%]	April 07 [%]	Mai 07 [%]	Juni 07 [%]	Juli 07 [%]	August 07 [%]	September 07 [%]	Oktober 07 [%]	November 07 [%]	Dezember 07 [%]
Projekt 1		0,00	0,00	0,00	0,00	0,00	0,00	0,00	0,00	0,00	0,00	0,00	0,00
Projekt 2		58,78	0,00	0,00	0,00	0,00	0,00	0,00	0,00	0,00	0,00	0,00	0,00
Projekt 3		2,70	0,00	0,00	0,00	0,00	0,00	0,00	0,00	0,00	0,00	0,00	0,00
Projekt 4		38,51	0,00	0,00	0,00	0,00	0,00	0,00	0,00	0,00	0,00	0,00	0,00
Projekt 5		0,00	0,00	0,00	0,00	0,00	0,00	0,00	0,00	0,00	0,00	0,00	0,00
Projekt 6		0,00	0,00	0,00	0,00	0,00	0,00	0,00	0,00	0,00	0,00	0,00	0,00
Projekt 7		0,00	0,00	0,00	0,00	0,00	0,00	0,00	0,00	0,00	0,00	0,00	0,00
Projekt 8		0,00	0,00	0,00	0,00	0,00	0,00	0,00	0,00	0,00	0,00	0,00	0,00
Projekt 9		0,00	0,00	0,00	0,00	0,00	0,00	0,00	0,00	0,00	0,00	0,00	0,00
Projekt 10		0,00	0,00	0,00	0,00	0,00	0,00	0,00	0,00	0,00	0,00	0,00	0,00
Projekt 11		0,00	0,00	0,00	0,00	0,00	0,00	0,00	0,00	0,00	0,00	0,00	0,00
Projekt 12		0,00	0,00	0,00	0,00	0,00	0,00	0,00	0,00	0,00	0,00	0,00	0,00
Projekt 13		0,00	0,00	0,00	0,00	0,00	0,00	0,00	0,00	0,00	0,00	0,00	0,00
Projekt 14		0,00	0,00	0,00	0,00	0,00	0,00	0,00	0,00	0,00	0,00	0,00	0,00
Projekt 15		0,00	0,00	0,00	0,00	0,00	0,00	0,00	0,00	0,00	0,00	0,00	0,00
Projekt 16		0,00	0,00	0,00	0,00	0,00	0,00	0,00	0,00	0,00	0,00	0,00	0,00
Finanzials & Administration		0,00	0,00	0,00	0,00	0,00	0,00	0,00	0,00	0,00	0,00	0,00	0,00
Bespre-chungen / Tagungen / ABQ		0,00	0,00	0,00	0,00	0,00	0,00	0,00	0,00	0,00	0,00	0,00	0,00
Projektüber-greifend, Allgemeines & Ve		0,00	0,00	0,00	0,00	0,00	0,00	0,00	0,00	0,00	0,00	0,00	0,00
SUMME [%]		100,00	0,00	0,00	0,00	0,00	0,00	0,00	0,00	0,00	0,00	0,00	0,00

Abbildung 44: Tabelle für die Summierung der tägliche Arbeitszeit pro Projekt

6.4 Einnahmen und Ausgaben erfassen

6.4.1 Hintergründe und Ziele

Im Rahmen des Projektcontrollings bzw. der Projektbuchhaltung müssen Sie ebenfalls sowohl die Projekteinnahmen als auch die Ausgaben erfassen.

Dabei können Sie in den meisten Fällen die einfachste „kaufmännische Variante" einsetzen: Die Einnahmen-/Ausgaben-Rechnung. Diese hat folgende Vorteile:

- Sie ist gut zu durchschauen und zu verstehen,
- von jedem zu bedienen und
- eignet sich u. a. auch für öffentlich geförderte Projekte.

Einnahmen
in öffent-
lichen
Projekten
Die Erfassung von Einnahmen in einem Projekt mag an dieser Stelle verwirrend sein, aber dieser Widerspruch lässt sich leicht aufklären: Während in der freien Wirtschaft zunächst davon ausgegangen wird, dass in Projekten nur Kosten entstehen und keine Einnahmen, ist dies in öffentlich geförderten Vorhaben anders:

Bei Projekten, in die öffentliche Fördergelder einfließen, muss neben der Ausgaben- auch die Einnahmeseite betrachtet und im Controlling berücksichtigt werden, da die ausgezahlten Fördermittel als Einnahmen gelten und entsprechend zu verbuchen sind!

6.4.2 Was ist zu tun?

Um folgende Aufgaben müssen Sie sich kümmern:

Korrekte
Projekt-
buch-
haltung
- Zur Vorbereitung einer korrekten und jederzeit aktuellen Projektbuchhaltung benötigen Sie also auch Erfassungstabellen für die Einnahmen und die Ausgaben (s. folgendes Excel-Muster).
- Auf der Einnahmeseite sollten Sie – besonders bei öffentlich geförderten Vorhaben – neben Auszahlungsdatum, Auszahlungsbetrag und auszahlender Institution zusätzlich erfassen, wann der entsprechende Betrag beantragt wurde und in welcher Höhe dies erfolgt ist. Sie erstellen damit den Bezug zu den entsprechenden Dokumenten – diese werden im Fall einer Prüfung relevant. Vergeben Sie unbedingt auch entsprechende Belegnummern!

6.4.3 Zwei Excel-Muster „Einnahmen und Ausgaben"

Für die Erfassung der Einnahmen und Ausgaben stehen Ihnen zwei Excel-Vorlagen zur Verfügung.

Zwei Excel-Mustervorlage auf Ihrer CD-ROM zum Buch:

PM > IV-4 Einnahmen

PM > IV-5 Ausgaben

Erfassen Sie in den Tabellen alle Einnahmen und Ausgaben, und vergewissern Sie sich dabei, dass Ihnen auch wirklich die Unterlagen über *alle* bis zum jeweiligen Zeitpunkt angefallenen Kosten vorliegen.

Die Summen werden über bereits integrierte Formeln automatisch gebildet, sodass Sie nach jeder Erfassung einen Überblick über den aktuellen Stand haben.

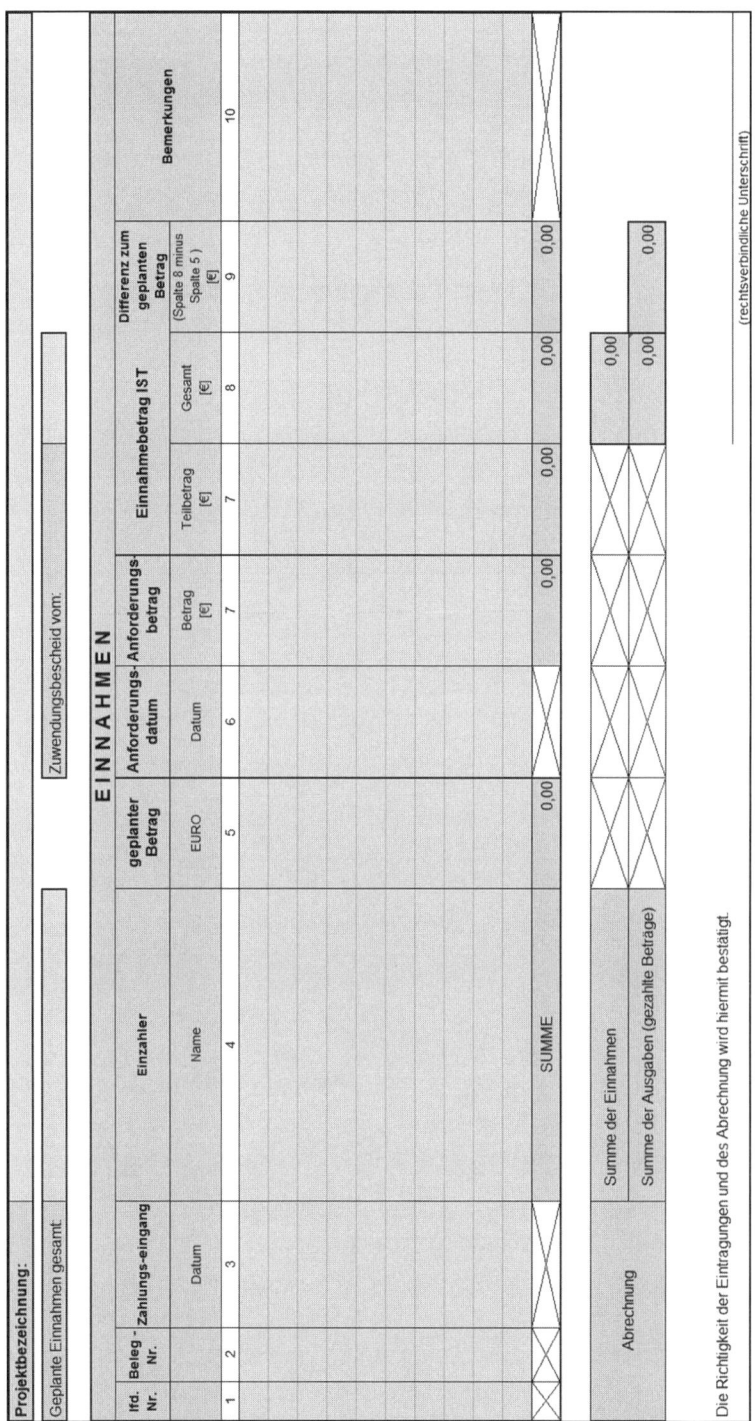

Abbildung 45: Erfassungstabellen für Einnahmen

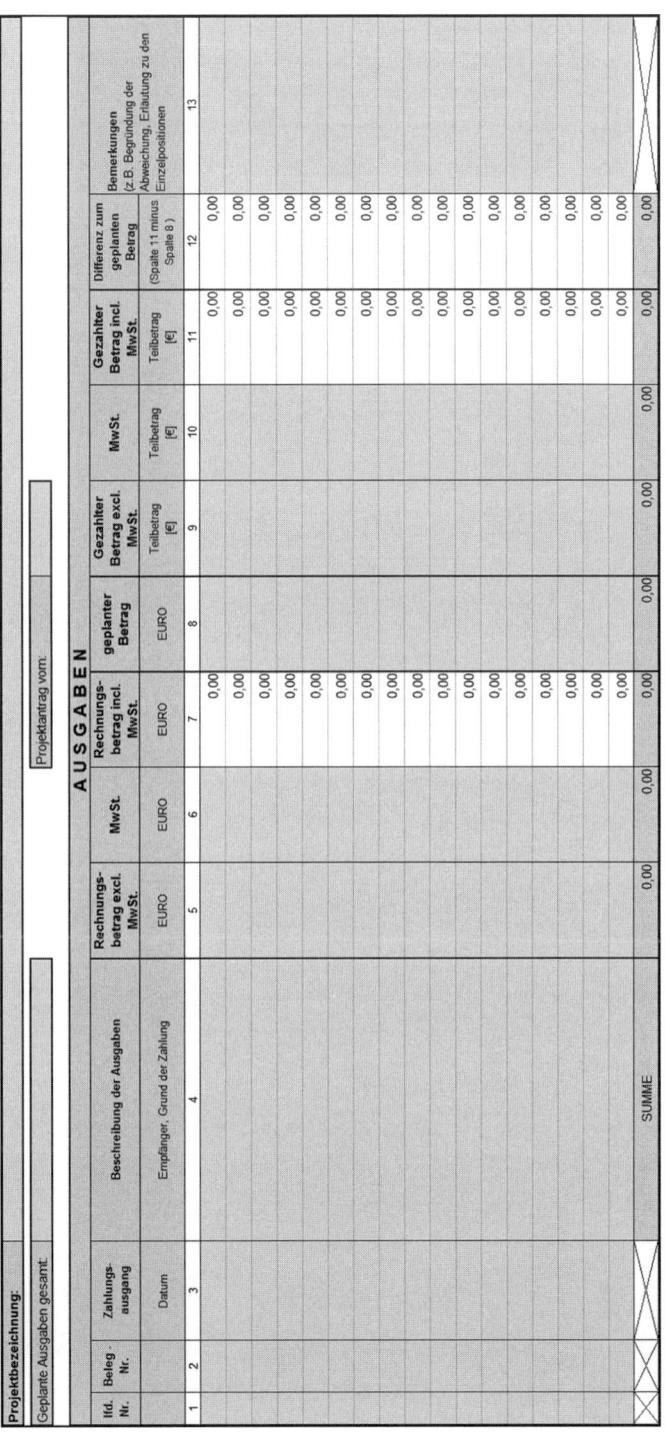

Abbildung 46: Erfassungstabellen für Ausgaben

Auf der Ausgabenseite ist es wichtig, neben Rechnungsdatum, Rechnungsaussteller und Rechnungsbetrag die Mehrwertsteuer separat auszuweisen, ebenso den *exakt gezahlten* Betrag (Berücksichtigung von Skonto!). Belegnummern helfen, die genaue Zuordnung zwischen Einnahmen-/Ausgabenliste und Ablage zu erhalten. Weitere Angaben können je nach Art des zu kontrollierenden Projekts hinzukommen.

Einnahmen und Ausgaben sofort erfassen

Die entsprechenden Erfassungstabellen müssen natürlich ständig aktuell gehalten werden; alle bezahlten Rechnungen bzw. alle Mitteleingänge müssen so schnell wie möglich erfasst werden (s. Folgekapitel).

Durch solche Übersichten sind Sie jederzeit abgesichert, wenn es darum geht, Budgetverbräuche bzw. Fördermittelzahlungen darzustellen. Denken Sie in diesem Zusammenhang daran, dass regelmäßige Berichte erstellt werden müssen, in die z. B. solche Zahlen mit eingehen.

> **Aktueller Projektstand:**
> *Projektphase 5a/6a:* Ausgaben und Einnahmen werden laufend erfasst und gebucht.

6.5 Schnelle Sachkostenerfassung durch effektive Rechnungsbearbeitung

6.5.1 Hintergründe und Ziele

Die Erfassung der Sachkosten wird im Normalfall anhand vorliegender Rechnungen erfolgen. Diese müssen zunächst geprüft und abgezeichnet werden, bevor sie in die Bezahlung und Erfassung im Projektcontrolling weitergegeben werden. Durch einen speziellen Ablauf können Sie sich die Rechnungsbearbeitung erleichtern bzw. diese beschleunigen. Gehen Sie dazu wie im Folgenden beschrieben vor.

Rechnungsablauf vereinfachen

6.5.2 Was ist zu tun?

Schaffen Sie für die Rechnungsbearbeitung einen besonderen Ablauf, der auch zwingend einzuhalten ist. Nur so können Sie gewährleisten, dass eingehende Rechnungen zeitnah bearbeitet, bezahlt und erfasst werden.

Rechnungsbearbeitung definieren

11 Praxis-Tipps zur Rechnungsbearbeitung:

- Lassen Sie Rechnungen mit einem Eingangsstempel versehen.
- Wenn eine direkte Projektzuordnung aufgrund des Rechnungstextes möglich ist: Geben Sie diese sofort nach der Eingangsbearbeitung an die entsprechende Projektsachbearbeitung bzw. das Teilprojekt.
- Wenn keine direkte Projektzuordnung möglich ist: Geben Sie diese mit der Tagespost an die Abteilungsleitung.

- Lassen Sie Rechnungen sowohl sachlich als auch rechnerisch durch die Projektsachbearbeitung prüfen. Diese weiß im Regelfall genau, welche Aufgaben an wen fremd vergeben wurden und ob die Rechnungsstellung in der vorliegenden Form korrekt ist. Rechnen Sie durchaus auch die Mehrwertsteuer nach, denn es kommt immer wieder vor, dass mit einem veralteten Mehrwertsteuersatz gerechnet wird.

- Lassen Sie die Rechnungen per Handzeichen und Datum von der Projektsachbearbeitung freizeichnen.

- Vergeben Sie eine interne Rechnungsnummer.

- Versehen Sie jede Rechnung entweder mit einer vorgegebenen Kostenstelle oder einem schriftlichen Hinweis, welchem Projekt bzw. Teilprojekt diese Rechnung zuzuordnen ist.

- Geben Sie die Rechnung an die Buchhaltung zur Rechnungsbezahlung.

- Lassen Sie sich eine Kopie zurückgeben, auf der das Datum der Bezahlung bzw. Überweisung angegeben ist, ebenso wie der exakt überwiesene Betrag (Skonto beachten!).

Aktualität sichern
- Buchen Sie die bezahlte Rechnung umgehend in das Controlling-System ein. Halten Sie dadurch das System so aktuell wie möglich!

- Legen Sie die Rechnungskopie geordnet ab.

6.5.3 Word-Muster „Rechnungsbearbeitung"

Da es sich hier um einen Ablauf und nicht um eine zahlenmäßig berechenbare oder aufzubereitende Übersicht geht, steht Ihnen für diesen Arbeitsschritt ein Word-Muster zur Verfügung.

Word-Mustervorlage auf Ihrer CD-ROM zum Buch:

PM – Checkliste Rechnungsbearbeitung

Aktueller Projektstand:
Projektphase 5a/6a: Eine effektive Rechnungsbearbeitung wurde eingerichtet. Die Sachkosten werden laufend erfasst. Rechnungen werden umgehend beglichen.

6.6 Projektfortschritt überwachen: Der Soll-/Ist-Vergleich

6.6.1 Hintergründe und Ziele

Die Überwachung des Projektfortschritts ist zwar keine direkte Controlling-Aufgabe, sie hängt aber unmittelbar mit den finanziellen Aspekten jedes Projekts zusammen. Die Möglichkeiten zur technischen Unterstützung der Projektfortschrittsüberwachung haben Sie bereits in Kapitel 5.1 gelesen.

Auskunft über Projektstand

Im betriebswirtschaftlichen Sinne bedeutet die Projektfortschrittsüberwachung die *laufende Prüfung, ob sich Projektzeitverbrauch und Kosten im geplanten Rahmen bewegen*. Abweichungen (besonders Überschreitungen) müssen erkannt und begründet werden.

6.6.2 Was ist zu tun?

Die Aufgabe des Projektcontrollings liegt darin, jederzeit Auskunft über den aktuellen Stand geben zu können:

- Zur Erfüllung dieser Aufgabe bietet sich ein laufender Soll-/Ist-Vergleich an. Dieser stellt die Planwerte bzw. Budgetvorgaben zusammen mit den aktuellen „Verbrauchswerten" dar und errechnet die Abweichungen. Analysieren Sie diese daraufhin, ob sie plausibel sind: Im Verlauf der Arbeit an den Teilaufgaben wird sich der Zeitverbrauch sowie die Kosten immer weiter den Sollwerten bzw. den Vorgaben annähern.

- Doch wissen Sie wirklich, ob der „verbleibende Budgetrest" auch ausreicht, um die noch verbleibende Projekt- bzw. Teilaufgabenlaufzeit damit zu überstehen? Sie müssen folglich nicht nur die Differenzen, errechnen, sondern nach Möglichkeit auch eine Hochrechnung anstellen, mittels derer Sie ermitteln, ob beispielsweise die noch geplanten Resttage im Projekt (oder der Teilaufgabe) durch die verfügbaren Restbudgets überhaupt bezahlt werden können (s. Abb. 47 und Abb. 48).

Budget überwachen

- Erstellen Sie entsprechende Übersichten (mit Microsoft Excel), und versuchen Sie, diese so weit wie möglich zu automatisieren. Dies bedeutet, durch Querbezüge beispielsweise auf die noch benötigten, geplanten Resttage die entstehenden Kosten hochzurechnen und mit den Restbudgets automatisch abzugleichen.

- Nutzen Sie die Möglichkeit, Zellen automatisch mit einer Farbe zu hinterlegen, sobald vorgegebene Werte nicht einhalten werden („bedingte Formatierung"). So verbessern Sie die Handhabung der Instrumente und erreichen eine höhere Aufmerksamkeit.

Die Konstruktion von Tabellen und die Einarbeitung der notwendigen Formeln und Bezüge sind keineswegs trivial, da jedes Projekt anders ist.

Daher gilt: Unterschätzen Sie nicht den notwendigen Zeitaufwand für das Projektcontrolling und die Pflege! Es kann notwendig sein, durchaus eine oder sogar mehrere Personen nur für diese Aufgabe abzustellen.

Insgesamt helfen permanente finanzielle Soll-/Ist-Vergleiche sehr gut, den Projektfortschritt unter dem betriebswirtschaftlichen Blickwinkel zu verfolgen und entsprechende Maßnahmen einzuleiten.

6.6.3　Zwei Excel-Muster zu „Soll-/Ist-Vergleiche"

Zwei Excel-Mustervorlage auf Ihrer CD-ROM zum Buch:

PM > IV-6 Soll-Ist-Vergleich Persona

PM > IV-7 Soll-Ist-Vergleich Sachkos

6.6.4 Hinweise zur Bedienung des Excel-Musters

Buchhal-
tungsdaten

Erfassen Sie in der Tabelle die aktuellen Ist-Kosten – liegen Ihnen die Werte nicht vor, so holen Sie sich die Angaben aus der Buchhaltung.

Die Werte werden zum Teil automatisch zwischen den einzelnen Tabellen übertragen(per Verknüpfung, siehe mit der Farbe Blau hinterlegte Felder), z. B. die geplanten Arbeitstage und die Fertigstellungsgrade werden aus den entsprechenden Tabellenblättern per Verknüpfung übernommen. Dies erleichtert den ständigen Abgleich, ohne dass Sie jedes Mal den Fertigstellungsgrad bzw. die Soll-Kosten neu erfassen müssen.

Die Tabelle für den Soll-/Ist-Vergleich errechnet automatisch den Kostenverbrauch zum aktuellen Zeitpunkt sowie die Abweichungen absolut und in Prozent.

Projekt-Tipp
Erfassen Sie die Daten regelmäßig (z. B. monatlich), um jederzeit auskunftsfähig zu sein.

Aktueller Projektstand:
Projektphase 5a/6a: Durch Soll-/Ist-Vergleiche werden Kosten und Budget ständig überwacht.

Personalkosten (Soll-Ist-Vergleich inkl. Abweichungsanalyse)

Soll-/Ist-Vergleich mit Hochrechnung des Soll-Verbrauchs zum aktuellen Projektzeitpunkt

Arbeitspaket-Bezeichnung	Arbeitstage geplant	Fertigstellungs-grad [%]	Arbeitstage Rest	Personalkosten Soll gesamt [€]	Personalkosten-verbrauch Ist zum aktuellen Zeitpunkt [€]	Personalkosten-verbrauch Soll entsprechend Fertigstellungs-grad [€]	Abweichung Ist gegenüber Fertigstellungs-grad [€]	noch offene Personalkosten bis Projektende [€]	noch offene Personalkosten bis Projektende [%]
AP1	5	100%	0	11.681,27 €	11.300,00 €	11.681,27 €	381,27 €	381,27 €	3%
AP2	4	50%	2	11.400,00 €	600,00 €	5.700,00 €	5.100,00 €	10.800,00 €	95%
AP3	3	66%	1	7.046,51 €	6.900,00 €	4.650,70 €	-2.249,30 €	146,51 €	2%
AP4	8	60%	3	13.200,00 €	450,00 €	7.920,00 €	7.470,00 €	12.750,00 €	97%
AP5	12	12%	11	10.337,70 €	1.400,00 €	1.240,52 €	-159,48 €	8.937,70 €	86%
AP6	4	0%	4	5.400,00 €	0,00 €	0,00 €	0,00 €	5.400,00 €	100%
AP7	21	20%	17	12.400,00 €	0,00 €	2.480,00 €	2.480,00 €	12.400,00 €	100%
AP8	17	0%	17	12.766,00 €	0,00 €	0,00 €	0,00 €	12.766,00 €	100%
AP9	12	0%	12	5.497,74 €	0,00 €	0,00 €	0,00 €	5.497,74 €	100%
AP10	33	0%	33	4.420,00 €	0,00 €	0,00 €	0,00 €	4.420,00 €	100%
Summe	119		100	94.149,22 €	20.650,00 €	33.672,49 €	13.022,49 €	73.499,22 €	78%

Abweichungsursachen	
AP1	genau im Plan
AP2	Verzögerung durch Personalausfall
AP3	höhere Kosten durch zusätzliches temporäres Personal
AP4	Beratung wurde hauptsächlich durch externe Fachleute erledigt
AP5	genau im Plan
AP6	Aufgabe wurde noch nicht begonnen
AP7	Aufgabe wurde noch nicht begonnen
AP8	genau im Plan
AP9	genau im Plan
AP10	genau im Plan

Abbildung 47: Soll-/Ist-Vergleich der Personalkosten mit Hochrechnung des Soll-Verbrauchs zum aktuellen Projektzeitpunkt (entsprechend Fertigstellungsgrad)

Sachkosten (Soll-Ist-Vergleich inkl. Abweichungsanalyse)

Soll-/Ist-Vergleich mit Hochrechnung des Soll-Verbrauchs zum aktuellen Projektzeitpunkt

Arbeitspaket-Bezeichnung	Arbeitstage geplant	Fertig-stellungs-grad [%]	Arbeitstage Rest	Sachkosten Soll gesamt [€]	Sachkosten-verbrauch Ist zum aktuellen Zeitpunkt [€]	Sachkosten-verbrauch Soll entsprechend Fertigstellungs-grad [€]	Abweichung Ist gegenüber Fertigstellungs-grad [€]	noch offene Sachkosten bis Projektende [€]	noch offene Sachkosten bis Projektende [%]
AP1		100%		11.175,00 €	11.175,00 €	11.175,00 €	0,00 €	0,00 €	0%
AP2		50%		1.125,00 €	600,00 €	562,50 €	-37,50 €	525,00 €	47%
AP3		66%		2.875,00 €	1.900,00 €	1.897,50 €	-2,50 €	975,00 €	34%
AP4		60%		9.675,00 €	450,00 €	5.805,00 €	5.355,00 €	9.225,00 €	95%
AP5		12%		9.025,00 €	1.400,00 €	1.083,00 €	-317,00 €	7.625,00 €	84%
AP6		0%		575,00 €	0,00 €	0,00 €	0,00 €	575,00 €	100%
AP7		20%		575,00 €	0,00 €	115,00 €	115,00 €	575,00 €	100%
AP8		0%		575,00 €	0,00 €	0,00 €	0,00 €	575,00 €	100%
AP9		0%		8.075,00 €	0,00 €	0,00 €	0,00 €	8.075,00 €	100%
AP10		0%		575,00 €	0,00 €	0,00 €	0,00 €	575,00 €	100%
Summe				44.250,00 €	15.525,00 €	20.638,00 €	5.113,00 €	28.725,00 €	65%

Abweichungsursachen	
AP1	genau im Plan
AP2	genau im Plan
AP3	genau im Plan
AP4	geringere Reisekosten
AP5	Umsetzung durch externe Fachleute ist bereits zu einem größeren Teil erfolgt
AP6	genau im Plan
AP7	Aufgabe noch nicht begonnen
AP8	genau im Plan
AP9	genau im Plan
AP10	genau im Plan

Abbildung 48: Soll-/Ist-Vergleich der Sachkosten mit Hochrechnung des Soll-Verbrauchs zum aktuellen Projektzeitpunkt (entsprechend Fertigstellungsgrad)

6.7 Projektabrechnung

Die Projektabrechnung gehört innerhalb der Projektadministration eher zu den ungeliebten Aufgaben. Ein dem Projekt und seiner Größe angemessenes Abrechnungs- und Berichtswesen ist jedoch unerlässlich und muss zu Beginn des Vorhabens auf die Beine gestellt werden.

6.7.1 Hintergründe und Ziele

Bei der Abrechnung von Projekten muss zwischen zwei Vorgangsarten unterschieden werden:

Gesamt- oder Teilabrechnung

- **Gesamtabrechnung nach dem Ende des Projekts:** Diese Methode wird häufig bei kleineren Projekten angewandt, um übertriebenen Aufwand zu sparen. Denken Sie jedoch daran, dass Sie Ihr Controlling-System ständig pflegen und aktualisieren müssen, um jederzeit auskunftsfähig zu sein.

- **Teilabrechnungen während des laufenden Projekts:** Dies ist üblich bei größeren Projekten, in denen zwischenzeitlich externe Partner oder Investitionen bezahlt werden müssen, und gerade auch in öffentlich geförderten Vorhaben. In letzteren wird mit so genannten „Mittelabrufen" (s. Abb. 49) einerseits der Projektfortschritt dokumentiert, und andererseits die bis dahin abrufbaren Fördermittel angefordert. Voraussetzung hierfür ist ein Controlling-Verfahren, welches ständig aktuell ist, und in welchem auch nachvollziehbar ist, in welcher Höhe wann Fördergelder abgerufen wurden. Um dies zu ermöglichen, müssen Sie Ihr Controlling-Verfahren bzw. Ihre Excel-Tabellen entsprechend erweitern. Denken Sie dabei auch daran, die Einnahme-Seite darzustellen, also die bereits eingenommenen Fördermittel (s. Kapitel 6.4 „Einnahmen und Ausgaben erfassen").

Insgesamt ist die Projektabrechnung ein relativ aufwändiger Vorgang, denn sämtliche angefallenen Kosten müssen erfasst und nachvollziehbar dargestellt sein.

6.7.2 Was ist zu tun?

Fünf Tipps zur Projektabrechnung:

- Trennen Sie die (interne) Projektabrechnung von den externen Mittelabrufen. Legen Sie diese organisatorisch auch separat ab.

- Fügen Sie allen Abrechnungen Kopien der entsprechenden Belege bzw. der bezahlten Rechnungen bei.

- Erstellen Sie ggf. eine separate Belegliste (s. Abb. 45 und Abb. 46) oder fügen Sie eine Buchungsliste aus der Buchhaltung bei. Dann ist das Ganze auch gleich prüfungs- bzw. revisionsfest.

Beleglisten helfen

- Berücksichtigen Sie Abschlags- oder Sammelrechnungen.

- Sorgen Sie dafür, dass Sie jederzeit ermitteln können, welche Positionen bereits abgerechnet oder noch offen sind.

6.7.3 Excel-Muster „Projektabrechnung"

Die Excel-Muster für die Projektabrechnung brauchen Sie an dieser Stelle nicht als eigenständiges Excel-Tool, denn sie sind bereits durch die bisher behandelten Muster komplett abgedeckt:

Laufende Erfassung hilfreich

- Durch die regelmäßige Erfassung von Arbeitszeit bzw. Arbeitskosten, die Erfassung der Einnahmen und Ausgaben sowie die Dokumentation und Belegführung sind Sie an dieser Stelle in der Lage, jederzeit Auskunft über den (finanziellen) Projektstand zu geben.

- Ebenso können Sie auf Basis der gepflegten Tabellen Projektabrechnungen dadurch vornehmen, dass Sie die aktuellen Finanz- bzw. Kostenstände in die Mittelabruf-Formulare übertragen bzw. die Projektkosten weitermelden.

Zuwendungsempfänger/Träger der Maßnahme:

_____

_____

_____

Anschrift des Mittelgebers
bzw. der verwaltenden Stelle

Mittelabruf

Zuwendung vom: _____ (Datum Zuwendungsbescheid: _____)

Projektbezeichnung   _____

Gesamtzuwendungsbetrag: _____ € laut Zuwendungsbescheid

Bisher davon ausgezahlt: _____ €

Für fällige Zahlungen (in den nächsten zwei Monaten) im Rahmen des
Zuwendungszwecks wird um Überweisung des Fördermittelbetrags in Höhe von

                  _____ €

bis zum   _____ gebeten.

Konto-Nr.:   _____

Bankverbindung: _____

Bankleitzahl: _____

_____   _____

Ort, Datum   rechtskräftige Unterschrift
                                         der anfordernden Stelle

---

Abbildung 49: Muster eines Mittelabruf-Formulars

Excel-Mustervorlage auf Ihrer CD-ROM zum Buch:

PM > IV-1 Time Sheet

PM > IV-2 Arbeitszeit-Erfassung

PM > IV-3 Zeiterfassung pro Projekt

PM > IV-4 Einnahmen

PM > IV-5 Ausgaben

PM > IV-6 Soll-Ist-Vergleich Persona

PM > IV-7 Soll-Ist-Vergleich Sachkos

Die Bedienung ergibt sich aus den jeweils bereits beschriebenen Mustertabellen und Vorlagenbeschreibungen.

6.7.4 Ergänzende Informationen

Wenn Sie selbst Tabellen erstellen: Stellen Sie diese so zusammen, dass Sie möglichst wenige einzelne Dateien haben. Nutzen Sie Excel-Sheets bzw. Excel-Tabellenblätter und fügen Sie so mehrere Tabellen zu einer Arbeitsmappe zusammen. Durch einfaches hin- und herschalten zwischen den Blättern können Sie leicht die gewünschten Informationen aufrufen.

Projekt-Tipp

Wenn Sie Teile Ihres Projektes abrechnen, liegen auch Rechnungen externer Partner oder interner Fachabteilungen vor. Aufgrund von Erfahrungen aus der Projekt-Praxis empfehlen wir Ihnen, alle Rechnungen immer auf Fehler zu überprüfen und nachzurechnen: Es kommt immer wieder vor, dass Stundensätze oder Projektanteile falsch ermittelt wurden oder auch dass mit einem falschen Mehrwertsteuersatz gerechnet wird.

Nehmen Sie daher ein leeres Excel-Tabellenblatt und rechnen Sie alle Rechnungspositionen nach. Dadurch sind Sie auf der sicheren Seite, wenn Ihr Projekt von der internen oder externen Revision überprüft wird.

Aktueller Projektstand:

Projektphase 5a/6a: Die Projektabrechnung erfolgt korrekt und termingerecht.

6.8 Berichtswesen: Regelmäßige Fortschrittsberichte

6.8.1 Hintergründe und Ziele

Bei den zu erstellenden Berichten müssen Sie wie folgt unterscheiden:

- Interne Projektberichte,
- Berichte für interne Gremien,
- Berichte für externe Gremien und Mittelgeber.

Daraus ergeben sich unterschiedliche Anforderungen an den Aufbau, und die Inhalte, und Sie müssen sich entsprechend anpassen

6.8.2 Was ist zu tun?

Regel-mäßige Fortschritts-berichte

In *internen Projektberichten* geht es meistens um aktuell erreichte Projektstände in Arbeitspaketen oder Teilaufgaben, die der Projektleitung oder auch der Abteilungsleitung zur Kenntnis gegeben werden. Auch erkannte Probleme, Verzögerungen und das vorgesehene weitere Vorgehen sollten darin dargestellt werden.

Die äußerliche Form solcher Berichte kann auch eine Aktennotiz oder ein Vermerk sein. Solche Kurzberichte dienen dazu, den Projektverlauf zu begleiten und zu dokumentieren.

Praxis-Hinweis

Lassen Sie sich Berichte über Teilprojekte von den Teilprojektverantwortlichen zuliefern. Wenn Sie diese auf Basis mündlicher Berichte selbst anfertigen besteht die Gefahr, dass Sie etwas falsch formulieren und der Bericht damit inhaltlich fehlerhaft ist.

Achten Sie ebenso darauf, nicht aus jedem internen Bericht bzw. Vermerk eine „Diplomarbeit" zu machen: halten Sie die Berichte kurz und übersichtlich und ergänzen Sie bei Bedarf knappe Übersichten und Tabellen.

Entschei-dungs-grundlage schaffen

Berichte für interne Gremien können im Hinblick auf die formelle Gestaltung und die Inhalte wesentlich anspruchsvoller sein. Hier geht es allerdings eher darum, sowohl einen Gesamtüberblick über den Projektverlauf zu geben als auch auf Zeit- und Kostenverbräuche einzugehen.

Das Gremium (dies kann z. B. der Lenkungsausschuss sein) muss mit dem Bericht eine Grundlage erhalten, um das Vorhaben hinsichtlich der plangerechten Zielerreichung und der Einhaltung der Kosten einzuschätzen. Weiterhin müssen Probleme, Verzögerungen und Kostenveränderungen dargestellt und begründet werden.

Sind Entscheidungen notwendig, so sind diese mit einem entsprechenden Vorschlag in einer separaten Sitzungsunterlage vorzubereiten. Dabei kann es sich auch um zwei oder mehr Alternativen handeln, die begründet und abgewogen werden.

Praxis-Hinweis

Vermeiden Sie unter allen Umständen, das Nachdenken über Problemlösungen in die internen Gremien zu verlegen! Von Ihnen als ProjektleiterIn wird erwartet, dass Sie bereits entsprechende Vorschläge vorlegen.

Bereiten Sie entsprechende Sitzungsunterlagen vor und verteilen Sie diese rechtzeitig vor der Sitzung (s. Kapitel 5.7 „Sitzungen des Lenkungsausschusses").

Im Hinblick auf die äußere Form können Sie auch eine PowerPoint-Präsentation vortragen, ergänzt durch entsprechende schriftliche Unterlagen, die einzelne Sachverhalte detailliert darstellen (s. Abb. 50). Binden Sie Excel-Tabellen oder sonstige Abbildungen in Ihre PowerPoint-Präsentation ein und erläutern Sie die Zahlen und die Ergebnisse.

PowerPoint
für Präsen-
tationen

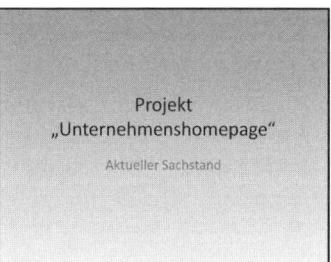 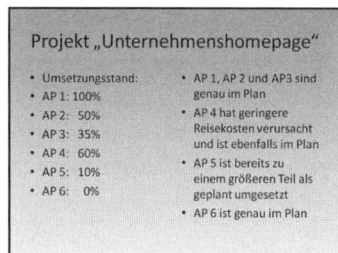

Abbildung 50: Muster einer PowerPoint-Präsentation

Bei *Berichten für externe Gremien und Mittelgeber* gilt grundsätzlich das Gleiche wie bei den Berichten für interne Gremien. Allerdings sind hierbei sowohl die äußere Form als auch die darzustellenden Inhalte meist vorgegeben.

Dies ist besonders bei öffentlich geförderten Vorhaben der Fall – detaillierte Informationen hierzu erhalten Sie unter „Sonderfall: Berichte in öffentlich geförderten Vorhaben" in Kapitel 6.8.5.

6.8.3 Excel-Muster „Berichtswesen"

Excel bildet die Grundlage für die zu erstellenden Berichte. Die Dateien dafür haben wir bereits vorgestellt und erläutert.

Excel-Mustervorlage auf Ihrer CD-ROM zum Buch:

PM > III-3 Fortschrittskontrolle Dia

PM > IV-1 Time Sheet

PM > IV-3 Zeiterfassung pro Projekt

PM > IV-4 Einnahmen

> PM > IV-5 Ausgaben
>
> PM > IV-6 Soll-Ist-Vergleich Persona
>
> PM > IV-7 Soll-Ist-Vergleich Sachkos

Oft werden Sie jedoch für die eigentliche Präsentation Microsoft PowerPoint einsetzen (müssen), um so in Kurzform vor Gremien und EntscheiderInnen über das Projekt zu berichten. Dem entsprechend haben wir hier ein PowerPoint-Muster einer Präsentation verwendet.

> PowerPoint-Mustervorlage auf Ihrer CD-ROM zum Buch:
>
> **PM – Unternehmenshomepage**

6.8.4 Hinweise zur Bedienung des PowerPoint-Musters

Sie können Microsoft PowerPoint ähnlich wie Excel oder Word nutzen und Graphiken und Tabellen einbinden. Informieren Sie sich rechtzeitig über die Besonderheiten von PowerPoint mit seinen Vorlagen und Gestaltungsmöglichkeiten. Erstellen Sie ein einfaches Muster, um gerüstet zu sein.

Firmeninterne Vorlagen nutzen

Achten Sie darauf, ob es spezielle, firmeninterne Vorlagen für PowerPoint-Präsentationen gibt, die Sie zwingend einsetzen müssen: In manchen Unternehmen werden besondere Hintergrundgestaltungen, spezielle Schriftarten und -größen oder auch unternehmensspezifische Farbgebungen erwartet. Wenn Sie diese nicht einhalten, kann es gleich zu Beginn Ihrer Präsentation zu unangenehmen Nachfragen kommen, die Sie im Zweifelsfall nur schwer entkräften können!

> **Aktueller Projektstand:**
>
> *Projektphase 5a/6a:* Sach- und Finanzberichte werden regelmäßig erstellt. Entscheidungsgremien werden regelmäßig mit Präsentationen über den aktuellen Stand informiert.

6.8.5 Sonderfall: Berichte in öffentlich geförderten Vorhaben

Hintergründe und Ziele

Im Rahmen der Beantragung und Bewilligung öffentlich geförderter Vorhaben ist oft exakt vorgegeben, wann welche Berichte abgegeben werden müssen. Diese können als folgende Berichtsformen vorliegen:

* Zwischennachweise, meisten verbunden mit Mittelabrufen,
* Zwischen-Verwendungsnachweise,

- Abschlussberichte,
- Endverwendungsnachweise.

Da in öffentlich geförderten Vorhaben auch Bindungsfristen eine Rolle spielen, wird es durch die Förderung oft sogar Auswirkungen über den Endzeitpunkt des Vorhabens hinaus geben.

Mit **Bindungsfristen** wird z. B. geregelt, dass im Projekt erworbene Gegenstände (dies können auch Server oder andere Geräte sein) erst nach Ablauf mehrerer Jahre in den Besitz des Antragstellers übergehen – oder auch an die Fördermittelgeber zurückgegeben werden müssen. Ebenso kann die Nutzung bzw. Bereitstellung von Räumlichkeiten betroffen sein, die z. B. über fünf oder mehr Jahre für Projektbelange und öffentliche Prüfeinrichtungen zugänglich gemacht werden müssen.

Bindungs-fristen be-achten

Berichte für öffentliche Stellen sind also keinesfalls zu unterschätzen, und gerade auch die vorgegebenen Termine sind zwingend einzuhalten. Andernfalls kann es zu gravierenden Problemen bis hin zur Rückforderung von Fördermitteln kommen.

Was ist zu tun?

- Im Regelfall werden im Rahmen der Berichte sowohl Sach- als auch Finanzberichte gefordert. In diesen muss der aktuelle Projektstand bzw. ein Überblick über den Projektverlauf nachvollziehbar dargestellt werden.

Sach- und Finanz-berichte liefern

- Die entstandenen Aufwendungen sind meist separat aufzuführen und bei Mittelabrufen bzw. (End-)Verwendungsnachweisen mit den entsprechenden Ausgabe-/Einnahmelisten und den zugehörigen Originalbelegen zu verifizieren.
- In Zwischennachweisen bzw. Zwischenverwendungsnachweisen sind dabei häufig auch die zugewiesenen Fördermitteltranchen zu beachten, ebenso wie die in der Projektplanung angegebenen Realisierungszeitpunkte der Teilmodule bzw. der Meilensteine.
- Time Sheets sind zusammen mit Gehaltsnachweisen einzureichen und neue Zwischenanträge für die Fortsetzung von Vorhaben sind zu stellen.

6.9 Ergebnispräsentation

6.9.1 Hintergründe und Ziele

Die Präsentation von Projektergebnissen spielt im Projektverlauf eine besondere Rolle, da auf diesem Wege die Projekterfolge dargestellt werden. Oft werden hierbei Präsentationen auf der Basis von MS PowerPoint eingesetzt, da diese auch für Präsentationen in größeren Räumlichkeiten bzw. vor größeren Gruppen angepasst werden können.

Bei der Ergebnispräsentation können Sie unterscheiden zwischen

- Präsentationen für interne und externe Projektbeteiligte und
- Ergebnisberichten für die Öffentlichkeit.

Berichte für interne und externe Projektbeteiligte können dabei auch „Projektinterna" enthalten, da diese im Regelfall ohnehin in den schriftlichen Zwischenberichten behandelt werden.

6.9.2 Was ist zu tun?

Ergebnisse überzeugend präsentieren

Bereiten Sie die Präsentation von Projektergebnissen sorgfältig vor, besonders, wenn es um den Projektabschluss geht. Denken Sie dabei auch an das Veranstaltungsumfeld bzw. die „Formalien" – mit folgender Checkliste vergessen Sie keinen Punkt:

Checkliste Präsentation von Projektergebnissen	
Laden Sie rechtzeig die Beteiligten ein.	
Buchen Sie einen ausreichend großen Raum.	
Stellen Sie die Versorgung mit Getränken sicher.	
Gliedern Sie Ihre Präsentation übersichtlich, z. B. anhand der Projektphasen.	
Heben Sie Highlights heraus, d. h., benennen Sie besondere Projekterfolge.	
Gehen Sie auch auf Krisensituationen und eingetretene Verzögerungen ein und stellen Sie kurz dar, wie Sie diese bewältigt haben.	
Ziehen Sie ein Projektfazit.	
Bedanken Sie sich bei allen Beteiligten.	

Bei Bedarf Öffentlichkeit informieren

Bei **Berichten für die Öffentlichkeit** geht es – z. B. auf Pressekonferenzen – eher darum, einen groben Überblick über die Inhalte des Projekts und die erzielten Ergebnisse zu geben. Bereiten Sie für die Öffentlichkeit bzw. Presse immer ein kurzes schriftliches Statement vor, welches die Fakten zum Projekt zusammenfasst, und verteilen Sie dieses an die Beteiligten von Presse und Öffentlichkeit. Sie vermeiden damit Missverständnisse, die dann später in der Zeitung oder anderen Berichten zu falschen Darstellungen führen.

Aktueller Projektstand:
Projektphase 5a/6a: Grundlagen und Muster für Ergebnispräsentationen wurden erstellt. Die Präsentation vor den Gremien wurde eingeübt.

6.9.3 Checkliste Präsentation Projektabschluss

Wie bei den anderen Berichten auch, bildet Excel die Grundlage für die Erfassung und Errechnung der Berichtszahlen. Für die Präsentation und/oder Veröffentlichung müssen Sie jedoch auf andere Mittel, beispielsweise eine PowerPoint-Präsentation oder Langtexte, die Sie mit Word erstellen, zurückgreifen.

Word-Mustervorlage auf Ihrer CD-ROM zum Buch:

PM – Checkliste Präsentation Projektabschluss

Zusammenfassung

Der betriebswirtschaftliche Teil von Projekten umfasst viele Teilaufgaben: Von der Einrichtung der notwendigen Controlling-Tools bzw. Excel-Tabellen bis hin zur Erstellung regelmäßiger Berichte und Ergebnispräsentationen sind viele termingebundene Tätigkeiten zu erfüllen.

Beim Projektcontrolling geht es darum, jederzeit über den Ressourcenverbrauch, also den Projektzeit- und -budgetverbrauch Auskunft geben zu können. Zu berücksichtigen sind dabei ebenso die eingestellten Budgets bzw. Haushaltsmittel wie auch möglicherweise vorgegebene Jahrestranchen.

Auch müssen vom Controlling-Bereich Entscheidungen der Lenkungsgremien bzw. Berichte für diese unterstützend vor- und nachbereitet werden. Mit den hier vorgestellten Excel-Tools und Word-Dokumenten können Sie diese Aufgaben termingerecht bewältigen.

7 Fazit

Wer Projekte managen muss, merkt sehr schnell, dass dies keine Tätigkeit ist, die nebenbei oder parallel zu anderen Aufgaben erledigt werden kann. Zu viele Details müssen beachtet, angeschoben und kontrolliert werden – von den fachlichen Inhalten bis zur Projektbetriebswirtschaft.

Gerade in der Planungsphase fällt sehr hoher Aufwand an: Von der Analyse der Aufgabenstellung über die Kapazitätsplanung bis hin zu der Kostenplanung, den Budgetüberlegungen und der Feinkonzeption muss sehr viel in kurzer Zeit erledigt werden.

Auch die Phase der Projektadministration ist sehr umfassend: Vom Anlegen der Projektdokumentation mit der Schaffung entsprechender Regelungen und „Standards" über die Zeiterfassung und deren laufende Kontrolle bis hin zur Lösung von Konflikten müssen Sie sehr viel überblicken, ordnen und vorbereiten. Die Projektadministration begleitet Sie damit über die gesamte Projektlaufzeit.

Anspruchsvolle Administration erfolgreich bewältigen

Sobald die Aufgaben verteilt sind und die Umsetzung läuft, müssen Sie sich ebenso parallel mit mehreren Dingen befassen und sowohl den Projektfortschritt kontrollieren als auch die Kosten und Termine im Blick behalten. Hinzu kommt auch die Qualitätssicherung, denn Sie müssen sicherstellen, dass alles nicht nur nach Plan läuft, sondern dass auch die *richtigen* und gewünschten Ergebnisse entstehen. Auch die Projektabrechnung und das regelmäßige Berichtswesen mit den Sitzungen der Steuerungsgremien und Überwachungsorgane muss vorbereitet werden, und alle Beteiligten müssen umfassend informiert werden.

Ist schließlich alles geschafft, das Projekt abgeschlossen und in den laufenden Betrieb übergeben, muss auch dieser überwacht werden, Fehler müssen behoben und Änderungen vorgenommen werden. Als erfahrene/r ProjektleiterIn sind Sie allerdings wahrscheinlich schon wieder mit dem nächsten Projekt beschäftigt und planen dessen Umsetzung ...

Wir haben Ihnen in diesem Buch und der dazugehörigen CD-ROM mit vielen Tipps aus der Praxis gezeigt, wie Sie an die Planung, Steuerung und Überwachung von Projekten herangehen, was Sie bedenken und worauf Sie besonders achten müssen.

Spezial-Tools unnötig

Excel als sehr weit verbreitetes Programm zur Tabellenkalkulation stellt ein sehr gutes Mittel dar, um Projekte zu planen und zu managen. Es bietet auch den Vorteil, dass es von den meisten PC-NutzerInnen zumindest in den Grundzügen beherrscht wird. Daher ist es in vielen Fällen gar nicht nötig, auf spezialisierte Projekt-Planungs- und Projekt-Management-Software zurückzugreifen: Mit Microsoft Excel ist ein geeignetes Werkzeug an fast jedem PC-Arbeitsplatz vorhanden, und umfangreiche Einarbeitung kann entfallen. Sie müssen sich lediglich die Arbeit machen, einen Basissatz an Excel-Tabellen anzulegen, den Sie pflegen und immer wieder (abgewandelt) einsetzen können.

Bestes Werkzeug: Excel

Dieses Buch bietet Ihnen auf beiliegender CD-ROM zahlreiche nützliche Mustertabellen und Musterformulare. Mit den Erläuterungen und dem einen oder anderen kleinen Excel-Trick haben Sie eine Grundlage erhalten, mit der Sie die in der Projektarbeit notwendigen Aufgaben schnell erledigen und gerade auch die Projektadministration schlank und überschaubar halten können. Dabei wurde bewusst auf Makros oder sonstige „Programmierung" verzichtet, sodass der Einsatz der Vorlagen einfacher ist und die Muster schnell und ohne große Einarbeitung genutzt und selbst zu verändert werden können.

Der hier vorgestellte Satz an bewährten Werkzeugen hilft Ihnen, die Projekte effektiver und sicherer umzusetzen. Es muss nicht für jedes Projekt alles neu erfunden werden.

8 Anhang

8.1 Links

Die in diesem Buch vorgestellten Excel-Werkzeuge eignen sich sehr gut für das Projektmanagement von kleinen und mittelgroßen Vorhaben. Wenn Sie große bzw. sehr umfangreiche Projekte managen müssen, bietet es sich an, spezialisierte **Projektmanagement-Software** einzusetzen. Diese ermöglicht u. a. auch komplette Zeit- und Ressourcenverwaltung und erstellt unter anderem direkt Gantt-Diagramme (s. Abb. 52).

Um Kosten zu sparen, können Sie ebenso auf **kostenlos im Internet verfügbare Projektmanagement-Software** zugreifen. Im Folgenden einige Links zu entsprechenden Anbietern.

Kostenlose
Software

Kostenlose Software für das Projektmanagement:

Gantter (s. Abb. 51) ist eine kostenlose, internetgestützte Projektplanungssoftware und läuft direkt im Browser. Die Software greift auf die auf dem PC gespeicherten Projektdateien zu (http://gantter.com).

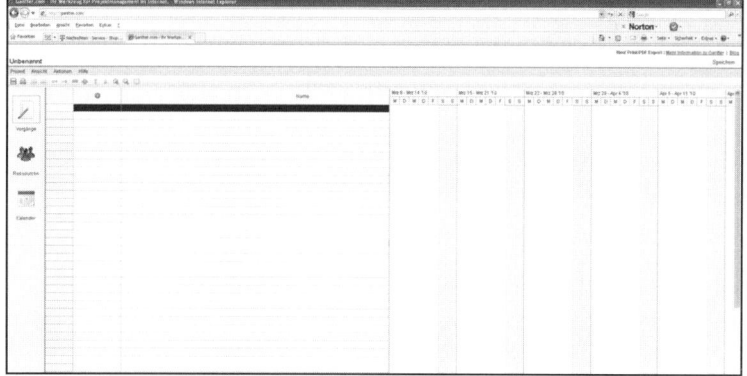

Abbildung 51: Eine kostenlose, internetgestützte Projektmanagementlösung ist Gantter

GanttProject ist ein Projektplanungstool, das auf dem PC installiert wird und ähnlich wie Microsoft Project arbeitet (http://www.ganttproject.biz/).

Inloox integriert sich vollständig in Microsoft Outlook und bietet u. a. Zeitplanung, Arbeitspaketverwaltung, Mind Mapping (http://www.inloox.de).

Kostenpflichtige Software für das Projektmanagement:

Microsoft Project (s. Abb. 52) integriert sich in die Office-Umgebung von Microsoft (http://www.microsoft.de).

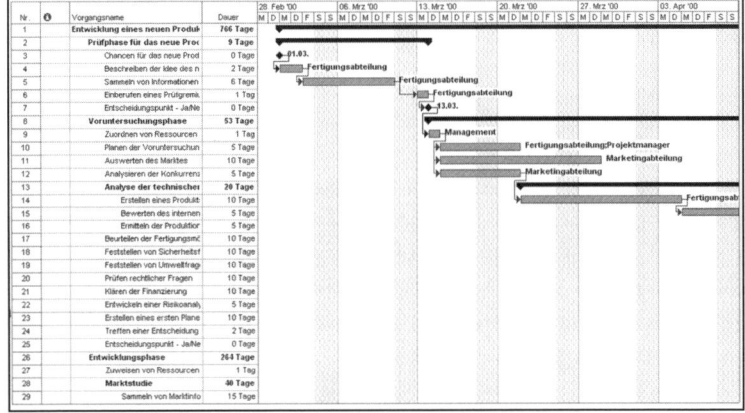

Abbildung 52: Balkenplan-Beispiel aus MS Project

Projectplace ist ein Online-Service, der es ermöglicht, Projekte im Team abzuwickeln. Funktional bietet es u. a. Projektplanung, Aufgabenkoordination und die gemeinsame Nutzung von Dokumenten (http://www.projectplace.de).

Blue Ant ist eine internetbasierte Multi-Projektmanagement-Software und bietet u. a. Planung, Controlling, Ressourcenverwaltung und Zeiterfassung (http://www.blue-ant.de).

8.2 Erläuterungen zu Fachbegriffen

8.2.1 Netzplan/Netzplantechnik

Der Begriff Netzplan wird im Rahmen der so genannten „Netzplantechnik" verwendet. Diese umfasst alle Verfahren zur Analyse, Beschreibung, Planung, Steuerung und Überwachung von Abläufen auf der Grundlage der Graphentheorie. Dabei können Zeit, Kosten, Einsatzmittel bzw. Ressourcen berücksichtigt werden. Ein Netzplan ist die graphische oder tabellarische Darstellung von Abläufen und der Abhängigkeiten. Microsoft Excel ist für die Darstellung von Netzplänen weniger gut geeignet.

8.2.2 Projektstrukturplan (PSP)

Gesamtaufgabe grafisch darstellen

Der Projektstrukturplan (PSP) ist eine Gliederung des Projekts in planbare und kontrollierbare Teilaufgaben. Im Rahmen des PSP wird das Projektziel in einzelne Arbeitspakete bzw. Teilaufgaben aufgeteilt und die Beziehung zwischen den Arbeitspaketen beschrieben. Der Projektstrukturplan stellt die Projektgesamtaufgabe graphisch dar und ist die Grundlage für die Aufwandschätzung. Weiterhin ermöglicht er die Ablauf-, Termin- und Kostenplanung. Der Projektstrukturplan ist keine zeitliche Darstellung der Abfolge der Arbeitspakete innerhalb des Projektes.

Mit Microsoft Excel können Sie zwar grundsätzlich die Arbeitspakete und ihre Abhängigkeiten darstellen, dies bedeutet aber einen hohen Aufwand für die Erstellung und Pflege.

8.2.3 SWOT-Analyse

SWOT = Strenghts, Weaknesses, Opportunities, Threats, also frei übersetzt Stärken, Schwächen, Chancen und Risiken.

SWOT: Bei Planung oft nötig

Mit einer SWOT-Analyse werden sowohl innerbetriebliche Stärken und Schwächen (Strengths-Weaknesses) als auch externe Chancen und Gefahren (Opportunities-Threats) betrachtet, die die verschiedenen Handlungsfelder des Unternehmens betreffen. Aus der Kombination der Stärken/Schwächen-Analyse und der Chancen/Gefahren-Analyse können Sie eine ganzheitliche Strategie für die weitere Ausrichtung der Unternehmensstrukturen und der Entwicklung bzw. der Optimierung der Geschäftsprozesse ableiten. Die Stärken und Schwächen sind dabei als relative Größen zu betrachten und können erst im Vergleich mit einer Konkurrenzsituation aussagekräftig beurteilt werden.

SWOT-Analyse		interne Analyse	
		Stärken (Strenghts)	Schwächen (Weaknesses)
e x t e r n e A n a l y s e	Chancen (Opportunities)	Stärken-Chancen-Strategien: Verfolgen von neuen Chancen, die gut zu den Stärken des Unternehmens passen. Beschreiben Sie hier die Maßnahmen.	Schwächen-Chancen-Strategien: Schwächen eliminieren, um neue Möglichkeiten zu nutzen. Beschreiben Sie hier die Maßnahmen.
	Threats (Risiken)	Stärken-Risiken-Strategien: Verteidigungsstrategien entwickeln, um vorhandene Schwächen nicht zum Ziel von Bedrohungen werden zu lassen. Beschreiben Sie hier die Maßnahmen.	Schwächen-Risiken-Strategien: Verteidigungsstrategien entwickeln, um vorhandene Schwächen nicht zum Ziel von Bedrohungen werden zu lassen. Beschreiben Sie hier die Maßnahmen.

Abbildung 53: Beispiel für eine SWOT-Analyse

8.3 Übersicht über die Musterdateien

Die im Folgenden gelisteten Excel- und Word-Musterdateien stehen Ihnen auf der CD-ROM zum Buch im Format der Office-Versionen 2003 und 2007 zur Verfügung – Dateinamensendungen .xls/.xlsx bzw. .doc/.docx.

Musterdatei-Beschreibung	Dateiname	Beispiel in Kapitel
Projektplanung		
Aufstellung der insgesamt am Projekt beteiligten MitarbeiterInnen	PM > I-1 ProjektmitarbeiterInnen	3.1
Muster einer IT-Pflichtenheft-Gliederung	PM – Pflichtenheft-Gliederung	3.2
Ist-Zustandserfassung	PM – Ist-Zustandserfassung	3.3
Planung Arbeitsbereiche	PM > I-2 Projektarbeitsbereiche"	3.4.1
Arbeitspaket-Beschreibung	PM – AP-Beschreibung	3.4.2
Ressourcenliste	PM > I-3 Ressourcenliste	3.5.3
Übersicht über den Schulungsbedarf	PM > I-13 Schulungsbedarf	3.6.3
Ermittlung der Personalkosten	PM > I-5 Personalkosten-Arbeitstag	3.7.3
Berechnung der Sachkosten der Arbeitspakete	PM > I-6 Sachkostenplanung	3.7.3
Übersichtstabellen für Einmalkosten und laufende Kosten	PM > I-7 Einmal-lfd-Kosten	3.7.3
Ermittlung der Kosten pro Arbeitspaket	PM > I-8 Kosten pro Arbeitspaket	3.7.3
Finanzplanung mit Unterscheidung zwischen Eigen- und Fördermitteln	PM > I-9 Eigen-Fördermittel	3.7.5
Projektkosten nach Jahren/ Jahrestranchen	PM > I-10 Projektkosten nach Jahren	3.7.5
Übersicht über die Mitarbeiter-Einbindung über mehrere Projekte	PM > I-11 Personal-Einbindung	3.7.5
Übersicht über die Mitarbeiter-Einbindung über mehrere Projekte auf Monatsebene	PM > I-12 Mitarbeiter-Einbindung	3.7.5
Beispiel eines einfachen Balkenplans	PM > I-4a einfache Zeitplanung	3.8.3
Beispiel eines Gantt-Balkenplans	PM > I-4b Zeitplanung Excel-Balkendiagramm	3.8.4
Muster Feinkonzept-Gliederung für ein IT-Projekt	PM – Feinkonzept-Gliederung	3.10.5
Projektadministration		
Muster für die Struktur der Projektdokumentation	PM – Dokumentationsstruktur	4.1.3
Übersicht der Vertretungsregelungen im Projekt	PM > II-1 Vertretungsregelungen	4.3.3

Musterdatei-Beschreibung	Dateiname	Beispiel in Kapitel
Kompetenzregelungen für ein Projekt	PM > II-2 Kompetenzregelungen	4.4.3
Checkliste für den Abschluss-test	PM – Checkliste Abschlusstest	4.9.1
Checkliste Rollout-Planung	PM – Checkliste Rollout-Rollback-Planung	4.9.2
Checkliste Rollback-Planung	PM – Checkliste Rollout-Rollback-Planung	4.9.2
Checkliste Integrationstest	PM – Checkliste Integrationstest	4.9.3
Abnahmeprotokoll (Muster)	PM – Abnahmeprotokoll	4.10.3
Krisenplan	PM > II-3 Krisenplan	4.11.2
Projektabschlussarbeiten	PM – Abschlussarbeiten	4.11.3
Projektsteuerung		
Relativer Projektfertigstellungs-grad in Form einer Soll-Ist-Tabelle	PM > III-1 AP Fertigstellung-relativ	5.1.2
Absoluter Projektfertigstel-lungsgrad	PM > III-2 AP Fertigstellung absolut	5.1.2
Beispiel eines Gantt-Blaken-plans zur Projektfortschritts-kontrolle	PM > III-3 Fortschrittskontrolle Dia	5.1.3
Beispiel für eine Abweichungs-analyse der Personalkosten inklusive Erläuterungen zu den Abweichungen	PM > IV-6 Soll-Ist-Vergleich Persona	5.2.3
Beispiel für eine Abweichungs-analyse der Sachkosten in-klusive Erläuterungen zu den Abweichungen	PM > IV-7 Soll-Ist-Vergleich Sachkos	5.2.3
Checkliste Qualitätssicherung	PM – Checkliste Qualitätssicherung	5.4.2
Terminüberwachung mit dem Gantt-Balkenplan	PM > III-3 Fortschrittskontrolle Dia	5.3.3
Terminüberwachung mit der Terminliste	PM > III-4 AP Soll-Ist-Vergleich Ter	5.3.3
Beispiel einer Grobübersicht über die Projektzeitplanung	PM – Projektzeitplaner	5.5.1
Formular für Projektfortschritts-berichte	PM – Projektfortschrittsbericht	5.5.3
Muster einer Tagesordnung zur Vorbereitung einer Projekt-teamsitzung	PM – Vorbereitung Projektteamsitzung	5.6.3
Muster einer Protokoll-Datei	PM – Protokoll Projektteamsitzung	5.6.3

Musterdatei-Beschreibung	Dateiname	Beispiel in Kapitel
Projekt-Betriebswirtschaft		
Arbeitszeit-Erfassungstabelle	PM – Arbeitszeiterfassung leer	6.3.3
Time Sheet-Muster (Monatsblatt)	PM – Timesheets leer.xlsx	6.3.3
Tabelle für die tägliche Erfassung der Arbeitszeit pro Projekt (täglich)	PM > IV-3 Zeiterfassung pro Projekt und PM – Arbeitszeitverteilung auf die Projekte	6.3.3
Tabelle für die tägliche Erfassung der Arbeitszeit pro Projekt (Summe)	PM > IV-3 Zeiterfassung pro Projekt und PM – Arbeitszeitverteilung auf die Projekte.xlsx	6.3.3
Erfassungstabellen für Einnahmen und Ausgaben	PM > IV-4 Einnahmen und PM > IV-5 Ausgaben	6.4.3
Checkliste Rechnungsbearbeitung	PM – Checkliste Rechnungsbearbeitung	6.5.3
Soll-/Ist-Vergleich Personalkosten mit Hochrechnung des Soll-Verbrauchs zum aktuellen Projektzeitpunkt (entsprechend Fertigstellungsgrad)	PM > IV-6 Soll-Ist-Vergleich Persona	6.6.3
Soll-/Ist-Vergleich mit Hochrechnung des Soll-Verbrauchs zum aktuellen Projektzeitpunkt (entsprechend Fertigstellungsgrad)	PM > IV-7 Soll-Ist-Vergleich Sachkos	6.6.3
PowerPoint-Präsentation	PM – Unternehmenshomepage	6.8.3
Checkliste Präsentation Projektabschluss	PM – Checkliste Präsentation Projektabschluss	6.9.3
Musterdatei für eine SWOT-Analyse	PM > I-14 SWOT-Analyse	8.2.3

Stichwortverzeichnis